Pocket Power

Stefanie Widmann,
Hans-Peter Wannemüller,
Peter Kehr

Die Kunst des Diskutierens

Zielorientiert argumentieren, Gesprächspartner überzeugen, Beziehungen pflegen

HANSER

Bibliografische Information der Deutschen Nationalbibliothek
Die Deutsche Nationalbibliothek verzeichnet diese Publikation in der Deutschen Nationalbibliografie; detaillierte bibliografische Daten sind im Internet über http://dnb.d-nb.de abrufbar.

http://www.hanser-fachbuch.de

Lektorat: Lisa Hoffmann-Bäuml
Herstellung: Franziska Kaufmann
Umschlaggestaltung: Parzhuber & Partner GmbH, München
Umschlagrealisation: Stephan Rönigk
Satz, Druck und Bindung: Kösel, Krugzell
Printed in Germany

ISBN 978-3-446-45520-7
E-Book-ISBN 978-3-446-45608-2

Inhalt

1 Einleitung

Diskussionen begleiten uns überall im Alltag: sei es in der Familie, in Talkshows, in der Politik, mit Freunden oder mit Kollegen im Unternehmen. In welcher Situation wir uns auch befinden, immer geht es anscheinend darum, den oder die Gesprächspartner von der eigenen Position, Sichtweise oder Meinung zu überzeugen. Das unterscheidet Diskussionen von anderen Formen des Gespräches, wie z.B. das Beratungsgespräch, das Informationsgespräch oder den Small Talk. Ziel dieses Pocket-Power-Bandes ist es, diesem Verständnis von Diskussion entgegenzuwirken und stattdessen die Idee einer zielorientierten Diskussion zu verbreiten.

Dieser Pocket-Power-Band entwirft ein Bild von Diskussion, welches auf Wertschätzung und Partnerschaftlichkeit setzt und die logischen sowie psychologischen Aspekte einer Diskussion nicht außer Acht lässt.

Betrachten wir Diskussionen etwas genauer, zeigt sich, dass sie je nach Gesprächssituation unterschiedliche Funktionen erfüllen und sich diese auch auf den Gesprächsverlauf und das Ergebnis auswirken. Diskussionen in Unternehmen zielen zumeist darauf ab, die beste Lösung für ein Problem zu finden und einen Konsens herzustellen. Auch in der Familie steht häufig der Konsens im Vordergrund. Aber es kann bei Diskussionen auch darum gehen, Macht auszuüben (der Vorgesetzte gegenüber seinen Mitarbeiter, der Eltern über die Kinder oder umgekehrt). Bei Diskussionen mit Freunden oder neuen Geschäftspartnern steht die Vertiefung von Kontakt im Mittelpunkt des Geschehens. Deswegen verlaufen diese Diskussionen auch meistens ergebnislos und potenziell unendlich. In der Debatte oder der politischen Diskussion in einer Talkshow geht es darum, einerseits die politischen Interessen einer Wählerklientel zu vertreten und andererseits potenziellen Wählern als wählbar zu erscheinen (entweder als repräsentierte Partei oder als Person). In diesen Diskussionen ist die Ergebnisfindung bestenfalls drittrangig. Auch die inhaltliche Richtigkeit scheint heutzutage nicht unbedingt wesentlich zu sein. Vielmehr geht es um den möglichst souveränen oder provokanten Umgang mit dem politischen Gegner. Sei es, um diesen zu verunglimpfen oder um sich besser darzustellen. Diese Form der Diskussion ist in den Medien omnipräsent und beeinflusst wesentlich die Diskussionskultur unserer Gesellschaft bis in die intimsten Beziehungen hinein.

In der Diskussion mit Kollegen oder Kunden ist wichtig, zielorientiert zu diskutieren, um möglichst im Konsens gute Ergebnisse zu erzielen.

Im unternehmerischen Alltag wird dies jedoch nur selten erreicht. Entweder werden Diskussionen ergebnislos abgebrochen oder verschoben, oder es wird eine Entscheidung an die nächste Führungsebene delegiert. Beides kostet jedoch Zeit, und die Qualität der Ergebnisse ist meist nicht besser, als wenn im Konsens eine Lösung gefunden wird.

„Ja, ich will in einer Diskussion aber gewinnen und meine Meinung oder Interessen durchsetzen und nicht Konsens erzielen. Manchmal hilft auch nur ein ‚fauler' Kompromiss, um nicht so viel Zeit zu verlieren." Diese oder ähnliche Äußerungen hören wir immer wieder in unseren Trainings, und sie spiegeln das wider, was wir zum Thema Diskussion weiter erwähnt haben – die Diskussion wird als Kampf verstanden, in dem es darum geht, eigene Meinungen und Sichtweisen durchzusetzen. Diese Einstellung ist wenig kooperativ und verhindert ein gemeinsames Ergebnis.

Allerdings liegt es nicht unbedingt an unkooperativen Einstellungen, die die Menschen in die Diskussion mitbringen, sondern oftmals scheitert es daran, dass die Diskussionspartner nicht wissen, wie sie ihre Einstellungen in ein angemessenes Verhalten umsetzen können. Zum Beispiel ist in Diskussionen häufig zu beobachten, dass die Teilnehmer eigene Beiträge mit einem „Ja, aber …" einleiten. Befragt man sie dazu, schildern sie die Absicht, dass sie dem anderen schon signalisieren wollen, dass sie ihn verstanden haben oder gar mit Teilen seiner Äußerungen einverstanden sind. Beim Gegenüber kommt allerdings etwas völlig anderes an. Viele Diskussionsteilnehmer erleben das „Ja, aber …" als Desinteresse des Partners und vermuten manchmal sogar eine geringschätzende Haltung des anderen. Also passen hier Absicht und Verhalten nicht zusammen, und es entstehen Wirkungen, die keiner haben wollte.

Ähnlich verhält es sich mit dem Überzeugen. Die meisten Diskussionen, die wir im Alltag erleben, sind weniger auf das Überzeugen denn auf das Überreden ausgelegt. Überzeugen bedeutet nach dem Duden (Duden online 2017) „(einen anderen) durch einleuchtende Gründe, Beweise dazu bringen, etwas als wahr, richtig, notwendig anzuerkennen".

Um dies zu gewährleisten, ist es für denjenigen, der überzeugt werden soll, nötig, eigene Sichtweisen, Einstellungen, Bewertungen und Werte zu ändern. Dies fällt uns nicht leicht, denn wir empfinden unsere subjektive Sichtweise erst einmal als „Wahrheit". Wenn Menschen genötigt werden, wenn sie dem Diskussionspartner nicht vertrauen oder die Argumentation des anderen nicht als logisch empfunden wird, ist es äußerst schwierig, eine Überzeugung zu ändern. Wird dann noch die Beziehungsebene in der Kommunikation nicht als partnerschaftlich erlebt, potenziert sich die Wahrscheinlichkeit, dass der Diskussionspartner seine Meinung nicht zu meinen Gunsten ändern wird.

Ziele des Buches

Hauptziel: Sich in Diskussionen wertschätzend und zielorientiert verhalten! Die Leserinnen und Leser wissen,

- wie sie sich in einer Diskussion wertschätzend und beziehungsfördernd verhalten können.
- wie sie ihre Argumentation überzeugender gestalten können.
- wie sich die Leitung einer Diskussion hilfreich verhält und die Diskussion zielorientiert strukturiert.

Manche Menschen fragen sich, was sie denn nun davon hätten, wenn sie diese Ziele erreichen. Sie werden Ihnen helfen, in Zukunft zufriedenstellende Diskussionen führen zu können, die auf jeden Fall zu einem Ergebnis führen und in denen die Beziehungen zu den Personen positiv bleiben. Des Weiteren werden die Ergebnisse nicht mehr nur aus Kompromissen bestehen, sondern aus Lösungen, die alle Beteiligten der Diskussion zu Gewinnern machen.

Wegweiser

 Dieses Icon verweist auf allgemeine Hinweise.

 Dieses Icon steht für konkrete Praxistipps.

 Dieses Icon weist auf Beispiele hin.

2 Schluss mit Trampeln

Die in den Medien berichteten oder gezeigten Diskussionen dienen, ob sie möchten oder nicht, vielen Menschen als Vorbild für eine Diskussion. In diesen Diskussionen wird aber immer auch der Diskussionspartner ins Visier genommen. Dies geht über abwertende Äußerungen zum Inhalt des Gesagten bis hin zu persönlichen Angriffen. Von einer respektvollen, wertschätzenden Kommunikation ist man in diesen Runden weit entfernt. Im Gegenteil, es scheint mittlerweile wieder mehr und mehr salonfähig zu werden, Diskussionspartner direkt anzugehen und zu attackieren.

Auch innerhalb von Organisationen haben Diskussionen oftmals wieder an Schärfe gewonnen. Nicht Kollegialität und Teamgeist, sondern Rivalität und Konkurrenz stehen anscheinend zunehmend im Mittelpunkt der Beziehungsgestaltung.

Dies wirkt sich nachteilig auf die Argumentation und Entscheidungsfindung aus. Wir treffen bessere Entscheidungen, sind kreativer und engagierter, wenn wir uns wohlfühlen.

2.1 Sach- und Beziehungsebene

Spätestens seit Paul Watzlawick (österreichisch-amerikanischer Kommunikationswissenschaftler und Therapeut) wissen wir, dass es in der Kommunikation zwei Ebenen gibt, die sich gegenseitig beeinflussen: die Sachebene und die Beziehungsebene. Entscheidend für jegliche Kommunikation und deswegen auch für das Diskutieren sind u. a. drei Grundregeln oder Axiome, die Watzlawick im Zusammenhang mit seinem Kommunikationsmodell aufgestellt hat (1976):

- Man kann nicht nicht kommunizieren.
- Kommunikation ist ein Regelkreis.
- Die Beziehungsebene hat Vorrang vor der Sachebene.

Die Sachebene ist die Ebene der Argumentation und Logik. Hier gilt es, Argumente so zu formulieren, dass sie verstehbar und nachvollziehbar sind. Auch geht es darum, die Argumentation logisch aufzubauen, sodass wir kognitiv in der Lage sind, diese nachzuvollziehen. Im Kapitel 4 werden wir auf diesen Aspekt näher eingehen.

2.1.1 Wie Argumente überzeugen können

Was macht jetzt aber eine Argumentation wirklich so überzeugend, dass ich bereit bin, meine eigene Meinung zu revidieren und einer anderen zu folgen? Was bringt mich also dazu, meine eigene subjektive Sichtweise auf ein Thema/Problem infrage zu stellen, obwohl ich ja davon überzeugt bin (sonst wäre es nicht meine Sichtweise)?

In den wenigsten Fällen sind es die Argumente selbst, die Menschen dazu bringen, ihre persönliche Sichtweise zu verändern. Meistens sind es eigene Erfahrungen aufgrund intensiv erlebter Situationen, die dazu führen, dass wir danach anders über Dinge oder Personen denken und fühlen als vorher. In Diskussionen ist es wahrscheinlich selten, dass wir solche intensiven Erlebnisse haben, die uns mehr oder weniger spontan erlauben, unsere Überzeugung zu verändern.

Eine der wichtigsten Voraussetzungen dafür, dass wir eine Bereitschaft entwickeln, eigene Meinungen auf den Prüfstand zu stellen und gegebenenfalls zu verändern, ist, dass wir uns wohl- und respektiert fühlen. Wenn wir den Eindruck haben, dass sich der Diskussionspartner für uns interessiert und uns und unsere Argumente ernst nimmt, kurz, wenn wir dem

Diskussionspartner vertrauen, dann geben wir uns eher selbst die Erlaubnis, in unserem Denken, Fühlen und Wollen etwas nachhaltig zu verändern – überzeugt zu sein.

Das ist die Herausforderung, die auf alle Diskutierenden wartet, nämlich die Kommunikation auf der Beziehungsebene so zu gestalten, dass die Argumente auf der Sachebene wirken können. Wenn die Axiome von Paul Watzlawick zutreffen (und davon gehen wir aus), dann ist es erforderlich, die Beziehungen in der Diskussion wertschätzend und partnerschaftlich zu gestalten.

2.1.2 Drei elementare Aspekte jeglicher Kommunikation

Man kann nicht nicht kommunizieren.

Dieses Axiom bedeutet für den Diskutierenden, dass jede Gestik, Mimik, jede Veränderung der Modulation oder Sprechgeschwindigkeit, jeder Blickkontakt oder dessen Vermeidung – ja selbst die Verwendung einzelner Wörter Einfluss auf die Interpretation der Beziehung vom Diskussionspartner nehmen. Dies geschieht unbewusst und lässt sich auch nur sehr schwer bewusst steuern, es sei denn, Sie haben eine hervorragende Schauspielausbildung erhalten.

Kommunikation ist ein Regelkreis.

Durch dieses Axiom wird deutlich, dass der Empfänger nicht nur die Freiheit hat, die von Ihnen gesendete Nachricht auf beiden Ebenen zu interpretieren, sondern er wird Ihnen auch direkt und unmittelbar eine verbale oder nonverbale Nachricht zurücksenden, wie Ihre bei ihm angekommen ist. Daraus kann man folgern, dass die Wirkung Ihrer Kommunikation das Entscheidende ist und nicht Ihre Absicht. Das fällt uns oftmals schwer zu glauben, da wir ja immer gute Absichten haben und deswegen negative Wirkungen gerne dem Empfänger zuschreiben („Du hast mich nicht richtig verstanden“). Jedoch entscheidet der Empfänger, was wie bei ihm ankommt, unabhängig von der Absicht des Senders, da er diese ja nicht kennen, maximal nur interpretieren kann.

Will ich also die Wirkung meiner Kommunikation verändern, hilft es, bei sich anzufangen und das eigene Verhalten variabler zu gestalten. Aus diesem Grund ist es wichtig, einerseits Verhaltensweisen und Regeln zu kennen, die meine positiven Absichten in der Gestaltung der Beziehungsebene deutlich erkennbar werden lassen, und andererseits auch flexibel in der Wahl der Mittel zu sein. Denn wer immer dieselbe Verhaltensweise zeigt, um eine nicht erwünschte Wirkung zu verändern, wird nicht erfolgreich sein.

Die Beziehungsebene hat Vorrang vor der Sachebene.

Die Beziehungsebene ist die Ebene der Gefühle, der Bedürfnisse, der Interpretationen des Verhältnisses zueinander. Sie ist auf der einen Seite schwer zu erfassen, da vieles im Unbewussten geschieht, und andererseits haben wir nur sehr diffuse Vorstellungen darüber, wie man diese Ebene beeinflussen und steuern kann. Dennoch hat sie in der Bedeutung der Kommunikation Vorrang.

Dies meint, wenn die Beziehung der Diskussionspartner unklar ist oder sich derart gestaltet, dass keine Partnerschaftlichkeit von einer Seite erlebt wird, dann wird es schwer bis unmöglich, andere wirklich zu überzeugen. An die Stelle einer partnerschaftlichen Diskussion treten dann Machtkämpfe, Rivalität und Konkurrenz, und die Tür ist für Konflikte geöffnet. Ein weiterer Grund dafür, dass uns die Beziehungsseite so fremd, so schwierig erscheint, ist, dass es in der Gesellschaft implizite Regeln gibt, die für eine bewusste Gestaltung der Beziehungsebene eher hinderlich sind.

Hinderliche Regeln zur Gestaltung der Beziehungsebene

- Über Gefühle spricht man nicht.
- Autoritäten/Mächtigen widerspricht man nicht.
- Es ist unhöflich, andere zu unterbrechen.
- Wer Gefühle zeigt, zeigt Schwäche.
- Der Kunde ist König.
- Wenn du dich anpasst, kann dir nichts geschehen.

Ob es nun schwierig ist oder nicht, die Beziehungsebene hat Vorrang und sollte deshalb immer berücksichtigt werden.

In der Literatur über Kommunikation und Diskussion lesen wir immer noch, dass man erst die Beziehungsebene beschreiten sollte, bevor man zur Sache kommen kann. Daraus folgern dann auch solche Empfehlungen, erst mal Small Talk zu halten und dann erst in das eigentliche Gespräch zu gehen. Das suggeriert vielen Lesern, dass man Beziehung und Sache voneinander trennen könnte. Dies ist nach Watzlawick jedoch nicht der Fall. Der Small Talk am Anfang dient vielmehr dazu, den Kontakt untereinander herzustellen, und unbewusst prüfen wir dann, wie wir zum anderen stehen. Aber dies muss nicht über einen Small Talk stattfinden. Auch wenn man sich am Anfang einer Diskussion auf ein Thema und Ziel einigt, die Zeit plant, Rollen festlegt und mehr, wird der Kontakt untereinander gefördert, und ein guter Kontakt zueinander erleichtert das Diskutieren erheblich.

Wenn man Menschen von etwas überzeugen möchte, fordert man letztendlich von ihnen, dass sie eigene Meinungen, Überzeugungen und Grundhaltungen nachhaltig verändern. Um dies bei sich selbst zuzulassen, bedarf es eines hohen Maßes an Vertrauen zu der Person, die mich überzeugen möchte.

Beziehungen pflegen

Ist Vertrauen nicht gewährleistet, existiert auch nur der leiseste Zweifel an der Richtigkeit der anderen Meinung oder der Integrität des Diskussionspartners – fehlt es also an Vertrauen –, so wird ein nachhaltiges Überzeugen nicht möglich sein. Vertrauen entwickelt sich nicht von heute auf morgen. Aus diesem Grund ist die Pflege der Beziehung zum Gesprächspartner ein entscheidender Schlüssel zum Erfolg.

2.2 Regeln und Fertigkeiten für eine wertschätzende Kommunikation

Um die Beziehungsebene zu pflegen, um Vertrauen zu ermöglichen, ist es, neben der Transparenz über die eigenen Absichten und die Integrität in den eigenen Handlungen, wichtig, die Kommunikation wertschätzend und partnerschaftlich zu gestalten. Dabei spielt das aktive Zuhören eine zentrale Rolle und wird deshalb auch gesondert dargestellt. Über das Zuhören hinaus sind aber auch noch Regeln und Fertigkeiten von Bedeutung, die das konkrete Kommunikationsverhalten in Diskussionen leiten sollten.

2.2.1 Aktives Zuhören

Wenn Menschen miteinander reden, so nimmt jeder von ihnen eine subjektive individuelle Perspektive ein, aus der heraus er spricht. Manchmal überschneiden sich diese Perspektiven, und je nachdem, wie groß die Schnittmenge ist, verstehen sich die Personen leichter oder schwerer.

In Diskussionen wird die Unterschiedlichkeit in den Perspektiven besonders als Herausforderung gesehen, da erwartet wird, dass der andere einen selbst versteht und meine Perspektive mit den dazugehörenden Positionen/Meinungen auch noch als richtig ansieht. Wird in der Kommunikation der Aspekt der Subjektivität nicht berücksichtigt, dann entsteht das Spiel „Wer hat recht?“. Dieses Spiel ist eines der beliebtesten Spiele zum Zeitvertreib in Meetings, allerdings wenig geeignet, um ein wirkliches Überzeugen des Gesprächspartners zu ermöglichen. Vielmehr gilt:

Jeder hat (subjektiv) recht!

Jeder Blickwinkel beleuchtet immer nur einen Teil des Ganzen (vgl. Bild 1). Dies gilt es zu akzeptieren.

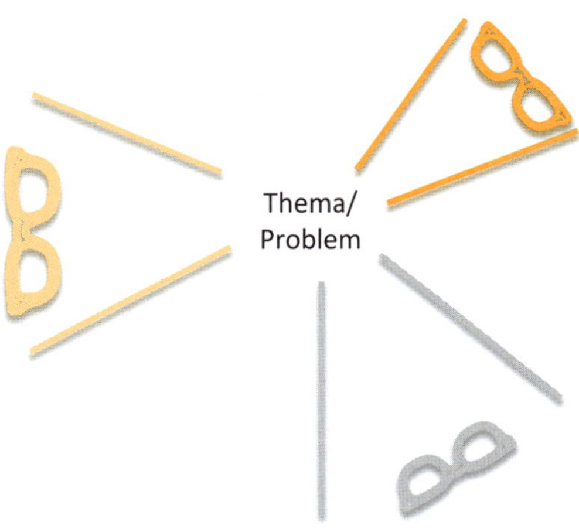

Bild 1: *Unterschiedliche Perspektiven auf ein Thema bzw. Problem*

Das Geheimnis einer erfolgreichen Diskussion liegt darin, die eigene Perspektive überzeugend darzustellen und dem anderen zu zeigen: Ich interessiere mich für dich und ich verstehe dich wirklich. Dabei ist erforderlich, die Perspektive des anderen kennenzulernen und nicht zu bewerten. Um dies alles zu erreichen, ist das aktive Zuhören eine entscheidende kommunikative Fertigkeit.

Nehmen Sie die Perspektive Ihres Gegenübers ein. Das gelingt Ihnen, wenn Sie aktiv zuhören und nicht bewerten.

Anders als beim passiven Zuhören nimmt der aktive Zuhörer am Gespräch teil, bleibt aber konsequent immer beim Thema/Inhalt des Diskussionspartners. Dies führt dazu, dass er einerseits viele Informationen über die Perspektive des Diskussionspartners erhält und andererseits Wertschätzung und Interesse an der Person zeigt. Der Diskussionspartner fühlt sich „ernst genommen" und respektiert. Diese Art und Weise des Zuhörens erfordert viel Konzentration und Offenheit für andere Sichtweisen. Dies bedeutet, dass ein guter aktiver Zuhörer auch eine bestimmte Grundhaltung benötigt.

Grundhaltung des aktiven Zuhörers

- Diskussion wird nicht als Kampf, sondern als partnerschaftlicher Austausch interpretiert.
- Akzeptanz, dass Realität subjektiv unterschiedlich definiert wird.
- Sichtweisen werden wertfrei behandelt.
- Diskussionspartner wird grundsätzlich als wertvoll angesehen.

Treffen diese Grundhaltungen nicht zu, so ist es schwer, beim aktiven Zuhören kongruent zu sein und die Beziehungsseite der Kommunikation zu pflegen. Das aktive Zuhören setzt sich aus verschiedenen Teilfertigkeiten zusammen, die im Gespräch situationsangemessen eingesetzt werden.

Teilfertigkeiten des aktiven Zuhörens

- Ungeteilte Aufmerksamkeit zeigen
- Ermutigen zum Weiterreden
- Klärende Fragen stellen
- Paraphrasieren (sinngemäß wiederholen/zusammenfassen)
- Widersprüchliche Aussagen eindeutig gegenüberstellen

Um ein genaueres Bild von den Teilfertigkeiten zu erlangen und um zu wissen, was man mit den einzelnen Teilfertigkeiten konkret in der Diskussion/im Gespräch erreichen kann, wollen wir diese nun konkreter beschreiben.

Ungeteilte Aufmerksamkeit zeigen

Wenn wir anderen Menschen etwas erzählen, erleben es die meisten Menschen als wertschätzend, wenn der Gesprächspartner nicht nur aufmerksam ist, sondern dies auch zeigt. Gerade im Zeitalter der mobilen Medien scheint es für viele Menschen immer schwieriger zu sein, die eigene Aufmerksamkeit auf eine einzige Sache zu lenken. Bei vielen Menschen ist die geteilte Aufmerksamkeit zum Normalzustand geworden. Beim aktiven Zuhören ist es jedoch von entscheidender Wichtigkeit, dem Diskussionspartner zu signalisieren, dass man ihm seine ungeteilte Aufmerksamkeit schenkt. Dies wird durch eine zugewandte Körperhaltung und einen angemessenen Blickkontakt erreicht.

Bei der Körperhaltung ist es nicht entscheidend, wie man genau sitzt oder steht, vielmehr ist die tatsächliche Zuwendung des Körpers entscheidend. Der Blickkontakt sollte prinzipiell kontinuierlich sein. Allerdings empfinden es die meisten Menschen als unangenehm, wenn Sie sie mit Ihrem Blick fixieren. Dies ist eher ein Machtspiel als das Signal von Aufmerksamkeit und Kontakt. Es ist völlig okay, auch mal kurz in eine andere Richtung zu blicken, wenn man nachdenkt oder Gehörtes verarbeitet. Mit einer zugewandten Körperhaltung und einen angemessenen Blickkontakt signalisieren Sie Aufmerksamkeit.

Ermutigen zum Weiterreden

„Oh je“, werden manche denken. Die meisten reden doch sowieso zu viel. Wenn dem so ist, brauchen Sie diese Personen nicht weiter zu ermutigen. Bei Personen, die eher sparsam mit Worten sind oder die Sie nicht so gut kennen, lohnt es sich, diese zum Weiterreden zu ermutigen. Dies geschieht durch gelegentliches Kopfnicken genauso wie durch das Verwenden von Kurzäußerungen wie „aha“, „ja“, „hm“, „so“, „okay“. Diese Kurzäußerungen dienen dazu, dem Gesprächspartner zu signalisieren, dass Sie interessiert sind, mehr zu hören, und der Sprecher weitermachen soll. Allerdings ist es notwendig, diese Teilfertigkeiten variabel einzusetzen. Jede stereotype Verwendung einer der Teilfertigkeiten, z.B. stetiges Kopfnicken, führt dazu, dass der Diskussionspartner skeptisch oder gar misstrauisch wird.

Eine weitere wichtige Fertigkeit, um den Diskussionspartner zu ermutigen, mehr zu erzählen, ist das Aufgreifen von Schlüsselwörtern. Greift man aus einem Satz des Gesprächspartners ein Wort heraus und nennt dies, wird der Gesprächspartner animiert, mehr über diesen Inhalt zu berichten.

Schlüsselwörter aufgreifen

Wenn ein Gesprächspartner z. B. sagt: „Ich bin im Urlaub nach Griechenland geflogen", so bieten sich drei Schlüsselwörter an:

- Urlaub
- Griechenland
- geflogen

Je nachdem, welches Wort der Zuhörer aufgreift, wird der Gesprächspartner mehr darüber berichten.
Üben Sie selbst: Was sind mögliche Schlüsselwörter aus folgendem Satz?
„Trotz unserer Bedenken haben wir das Problem gelöst."

- …

Das Aufgreifen von Schlüsselwörtern ist ein sehr wirkungsvolles Mittel, um den Gesprächspartner zum Weiterreden zu ermutigen. Achten Sie jedoch darauf, dass Sie beim Thema des Gesprächspartners bleiben und nicht anfangen, in Ihrem Sinne zu lenken. Wenn also der Gesprächspartner gerne über das Problem an sich sprechen möchte, wäre es unangemessen, als Schlüsselwort „Bedenken" aufzugreifen. Den Gesprächspartner zum Weiterreden zu ermutigen, fördert und erlaubt die Offenheit im Gespräch. Denn je mehr jemand von sich und seiner subjektiven Sichtweise berichtet, desto mehr öffnet er sich. Dadurch wird Vertrauen ermöglicht, welches durch eine lenkende Verwendung von Schlüsselwörtern oder die stereotype Anwendung der Teilfertigkeiten wieder infrage gestellt wird.

Klärende Fragen stellen

Wenn Sie Sachverhalte oder Zusammenhänge nicht verstehen, ist es zweckmäßig, beim Diskussionspartner klärend nachzufragen. Das Wesentliche ist hierbei, dass Sie ausschließlich mit der Absicht fragen, etwas zu verstehen, also zu klären, und nicht, um das Gespräch in eine andere Richtung zu lenken. Nur wenn Sie dies konsequent während des Zuhörens umsetzen, hilft das Mittel der Fragen auf der Sachebene, Inhalte/Botschaften zu klären und auf der Beziehungsebene Ihr Interesse an der Person zu zeigen.

Wir unterscheiden zwei Fragetypen:

- die offene Informationsfrage und
- die geschlossene Entscheidungsfrage.

Die offene Informationsfrage beginnt mit einem Fragewort (was, wie, weshalb, warum …) und erlaubt so dem Gesprächspartner, ausführlich darauf zu reagieren. Diese Frage-Art wird beim Zuhören immer eingesetzt, wenn man noch mehr zusätzliche Informationen benötigt, um etwas genauer zu verstehen. Die geschlossene Entscheidungsfrage erlaubt nur die Antwortalternativen „ja" oder „nein" und hilft, eine Orientierung zu bekommen.

Klärende Fragen

Offene Informationsfragen:

- „Wie habt ihr das Problem gelöst?"
- „Welche Bedenken hattet ihr?"
- „Was war genau das Problem?"

Geschlossene Entscheidungsfragen:
- „Hattet ihr ein Problem damit?"
- „Hattet ihr große Bedenken?
- „Habt ihr das Problem gelöst?

Mit dem klärenden Fragen wird deutlich, dass mit dem aktiven Zuhören tatsächlich auch ein verbales Beteiligen verbunden ist. Beim klärenden Fragen sowie auch beim Paraphrasieren sollte man dazu eine günstige Gelegenheit (Sprechpause) abwarten oder man muss den Gesprächspartner unterbrechen.

„Doch halt! Das ist doch unhöflich!" So werden wir immer wieder von unseren Teilnehmern unterbrochen. Wir sehen das jedoch anders. Prinzipiell stimmen wir mit dem Wunsch der Diskussionspartner überein, dass sie ihre Meinung auch mal zu Ende beschreiben möchten, ohne immer wieder, manchmal schon nach einem halben Satz, unterbrochen zu werden. Andererseits halten wir es für unhöflich, einen Gesprächspartner ausreden zu lassen und dann zu sagen: „Du, kannst du noch mal wiederholen, was du gemeint hast", oder gar das Gesagte mit einem „Ja, aber …" zu quittieren und dann mit der nächsten Äußerung deutlich zu zeigen, dass man nichts verstanden hat und dies einen auch nicht interessiert. Allerdings wird das einfache unmittelbare Unterbrechen tatsächlich als unhöflich oder gar geringschätzend erlebt. Aus diesem Grund ist es oftmals nötig, die Unterbrechung mit einer Erklärung kurz zu begründen, weshalb man die Frage stellen möchte. Bei der Begründung verwenden Sie Ich-Aussagen und vermeiden jegliche Kritik am Gesprächspartner:

Unterbrechungsbegründungen bei klärenden Fragen

Eher unangemessen:
„Du hast jetzt so kompliziert gesprochen, dass ich nichts verstanden habe. Deswegen muss ich noch mal nachfragen."
Eher angemessen:
„Ich würde gerne den Punkt X für mich noch mehr klären, weil ich das für wichtig erachte. Was war der Grund für …?"

Wichtig beim klärenden Fragen ist es, ebenfalls beim Thema des anderen zu bleiben und nicht in eine andere Richtung zu lenken.

Paraphrasieren

Das Paraphrasieren, also sinngemäße Wiederholen/Zusammenfassen, dient der Herstellung eines gemeinsamen Verständnisses des Gesagten. Dadurch, dass das Gesagte nicht wiederholt, sondern auf die Kernaussage reduziert wird, die der Zuhörer verstanden hat und die er auch mit eigenen Worten formuliert, kann der Gesprächspartner feststellen, ob er so verstanden wurde, wie er es wollte. Allerdings gehört auch dazu, dass der Zuhörer explizit nachfragt, ob ein gemeinsames Verständnis erreicht wurde.

Paraphrasieren

- Auf Kernaussagen reduzieren
- Mit eigenen Worten formulieren
- Verständnisprüfung durchführen

Viele Diskussionspartner wechseln beim Paraphrasieren des Gegenübers in den „Aktiv-zuhören-Modus“ und setzen während der Paraphrase das Kopfnicken ein (siehe: Ermutigen zum Weiterreden). Der Paraphrasierende nimmt diese Geste sehr oft als Zustimmung auf und unterlässt eine explizite Verständnisprüfung seiner Paraphrase. Dies kann zu zusätzlichen Missverständnissen führen.

Es ist beim Paraphrasieren wichtig, entweder eine Gesprächspause zu nutzen, um das eigene Verständnis zu prüfen, oder die Erzählung des Gesprächspartners zu unterbrechen. Es gilt hierbei dasselbe wie beim klärenden Fragen. Die Unterbrechung sollte begründet werden, damit der Gesprächspartner diese nicht als taktische Maßnahme zur Beeinflussung/Manipulation ansieht. Begründungen, die in der Regel von Menschen akzeptiert werden, sind hierbei:

- Menge der Information,
- Wunsch nach Sicherheit, ob das beabsichtigte Verständnis auch das eigene ist.

Mögliche Begründungen der Unterbrechung für eine Paraphrase

- „… ich muss dich kurz unterbrechen, weil ich mir nicht sicher bin, ob ich dich verstanden habe.“
- „Im Moment sind das viele Informationen, und ich möchte diese kurz für mich zusammenfassen, damit ich dir weiter folgen kann.“

Widersprüchliche Aussagen eindeutig gegenüberstellen

Das freut viele Menschen in Diskussionen, wenn sich der Gesprächspartner in Widersprüchen verliert und wir ihm genau das vorwerfen können. Denn damit kratzen wir seine Integrität und Glaubwürdigkeit an, können uns moralisch als „besser“ darstellen und den Diskussionspartner in die Defensive drängen.

Nur ist dieser „Erfolg“ in Wirklichkeit keiner, da wir somit nachhaltig die Beziehungsebene stören und damit die Möglichkeit, gemeinsam gute Ergebnisse in einer Diskussion zu erzielen, fast nicht mehr gegeben ist.

Beim aktiven Zuhören geht es in diesem Punkt allerdings nicht um das Gewinnen, sondern darum, Eindeutigkeit herzustellen. Dem Diskussionspartner werden die widersprüchlichen Aussagen gegenübergestellt und nachgefragt, was gemeint war. Hierbei verwenden wir Ich-Aussagen und vermeiden jegliche bewertende Äußerung.

Formulierungen zur Klärung widersprüchlicher Aussagen

„… ich habe von dir gehört … und andererseits habe ich verstanden, dass … was genau hast du gemeint?“

Die Gegenüberstellung der widersprüchlichen Aussagen beginnt also mit zwei verkürzten Paraphrasen und mündet dann in eine offene Frage zur Klärung des Sachverhaltes.

Durch die Ich-Formulierungen wird verhindert, dass sich der Angesprochene angegriffen fühlt. Somit besteht eine gute Chance, dass aus dem Widerspruch eine eindeutige Aussage wird.

Das aktive Zuhören ist zwar ein zentrales Element, um in Gesprächen und Diskussionen Kontakt, Offenheit und Vertrauen zu ermöglichen, aber nicht das einzige. Um die Beziehungsebene weiter zu pflegen und somit die Basis für eine

Überzeugung auf der Sachebene zu legen, sollten noch andere Regeln/Grundsätze verfolgt werden.

2.2.2 Vertrauen aufbauen und halten

Ohne Vertrauen keine Überzeugung! Es sei denn, Ihre Argumente sind so unschlagbar, dass Sie auf der Sachebene und im Gefühl des Diskussionspartners direkt Schalter umlegen und das Denken, Fühlen und letztendlich Handeln des Gesprächspartners nachhaltig verändern. Vermutlich können Sie an einer Hand abzählen, wie oft Ihnen das schon gelungen ist. Deshalb ist es nötig, auch in Situationen, in denen Sie nicht aktiv zuhören, die Beziehungsebene so zu pflegen, dass Kontakt und Vertrauen aufrechterhalten werden können.

Regeln einer vertrauensfördernden Kommunikation

- Ich-Botschaften und Ich-Aussagen verwenden
- Möglichst wertfrei kommunizieren
- Kommunikationsstörungen vermeiden/klären
- Empathie zeigen: Spiegeln von Gefühlen
- Feedback geben/nehmen
- Übergangsfloskeln vermeiden

Ich-Botschaften und Ich-Aussagen verwenden

Die Formulierung von Meinungen, Positionen, Argumenten in der Ich-Form ermöglicht es, den Diskussionspartnern zu zeigen, aus welcher Perspektive gesprochen wird. Dies signalisiert gleichzeitig, dass ich mir bewusst bin, dass wir die Realität nicht genau kennen und aus einer subjektiven Sichtweise heraus sprechen. Dem Vorwurf, es wäre egoistisch, immer per ich zu sprechen, stimmen wir dabei nicht zu, da nicht andauernd über sich selbst gesprochen, sondern mit dem Wort „Ich" nur die Subjektivität der Perspektive gekennzeichnet wird. Allerdings gibt es einen Unterschied in den Ich-Formulierungen. Wir unterscheiden zwischen der Ich-Botschaft und der Ich-Aussage. Während in der Ich-Aussage tatsächlich nur das Wort „Ich" auftaucht, beinhaltet die Ich-Botschaft die Benennung eines Gefühls.

Ich-Formulierungen

Eine Ich-Aussage wäre demzufolge: *„Ich denke, dass die Investition in diese Immobilie äußerst lukrativ ist."*
Eine Ich-Botschaft würde z.B. lauten: *„Ich bin äußerst unsicher, ob wir in diese Immobilie investieren sollten, weil …"*

Mit den Ich-Formulierungen zeige ich dem Diskussionspartner, dass ich ihn nicht bedrängen möchte und mir bewusst ist, dass mit hoher Wahrscheinlichkeit unterschiedliche Perspektiven vorhanden sind, die auch von mir akzeptiert werden. Dies fördert Vertrauen und Offenheit.

Möglichst wertfrei kommunizieren

In unserer alltäglichen Kommunikation werden ständig Bewertungen verwendet. Unabhängig ob in Familie, Schule, Berufsausbildung und Beruf. Überall wird nicht nur Leistung bewertet, sondern auch Verhalten, Meinungen, Einstellungen und Gefühlslagen. Wertende Äußerungen, also Äußerungen, die ein richtig/falsch, gut/schlecht oder Variationen enthalten, wirken sich in der Kommunikation ganz besonders aus.

Da bewertende Äußerungen eine gewisse Pauschalisierung oder Generalisierung enthalten (z. B. „Das war jetzt aber super"), fühlen sich die meisten Menschen immer als ganze Person bewertet. Sie hören also nicht: „Deine Fähigkeit zum aktiven Zuhören war in dieser Diskussionsrunde super", sondern sie hören oftmals: „Du warst super."

Die Bewertungen im positiven Bereich sind in der Regel unproblematisch. Allerdings müssen wir damit rechnen, dass, wenn jemand positive Bewertungen benutzt, er auch mit negativen Bewertungen arbeitet. Negative Bewertungen bewirken aber Widerstand beim Diskussionspartner, da er nicht zulassen kann, dass seine Person abgewertet, geringgeschätzt oder die eigene Sichtweise als „falsch" dargestellt wird. Schließlich sind wir ja der Überzeugung, dass unsere Perspektive stimmt. Somit ist die Basis für ein Streitgespräch gelegt, welches zum Ziel hat, recht zu bekommen und den anderen in die Defensive zu zwingen.

Vermeiden Sie bewertende Äußerungen in Diskussionen. Diese bewirken nur Widerstand bei Ihrem Gegenüber und signalisieren mangelnde Wertschätzung.

Kommunikationsstörungen vermeiden/klären

Um in Diskussionen erfolgreich zu sein und das gemeinsame Ziel zu erreichen, ist es zweckmäßig, wenn Kommunikationsstörungen zeitnah geklärt oder vermieden werden. Die meisten Störungen laufen auf der Beziehungsebene. Beziehungsstörungen lassen sich vermeiden, wenn Klarheit herrscht und ein gemeinsames Verständnis besteht. Hierzu ist es empfehlenswert, aktiv zuzuhören und immer wieder nachzufragen. Damit lässt sich Vertrauen herstellen und aufrechterhalten. Des Weiteren zielen besonders folgende Fertigkeiten auf das Klären/Vermeiden von Kommunikationsstörungen:

Manchmal erhalten wir Botschaften, die zwei Dinge gleichzeitig transportieren. Zum Beispiel sagt uns jemand, dass er glücklich ist, sein Gesichtsausdruck zeigt jedoch etwas ganz anderes – möglicherweise Traurigkeit. Dies nennen wir dann eine gemischte Botschaft. Eine gemischte Botschaft ist für uns Menschen immer etwas schwierig, weil wir nie genau wissen, auf welche der Botschaften wir denn jetzt eigentlich reagieren sollen. Um hier Sicherheit zu bekommen, muss ich den Sender eigentlich fragen, was er denn nun genau meint. Dies verbietet uns aber entweder die Höflichkeit oder wir haben den Eindruck, dass das Nachfragen ein schlechtes Licht auf uns wirft, was wir ja möglichst vermeiden wollen. Also lassen wir es oft dabei und geben eher eine unspezifische Antwort oder Reaktion.

Fragen Sie bei Unklarheiten immer nach. Und fragen Sie auch bei Ihrem Diskussionspartner nach, wie die Botschaft angekommen ist.

Empathie zeigen: Spiegeln von Gefühlen

Durch das Spiegeln von Gefühlen wird die Beziehungsebene explizit angesprochen. Damit kann die Störung vermieden oder eine Klärung initiiert werden. Vielleicht kennen Sie solche Diskussionen, in denen ein Mensch völlig emotional spricht. In diesem Zustand ist dann ein sachliches Gespräch oder der Versuch, den anderen zu überzeugen, nicht möglich und führt oft zum gegenteiligen Effekt. Viele Menschen reagieren dann so, dass sie Fragen zur Situation stellen oder den Versuch unternehmen, den anderen zu beruhigen, indem sie den Appell senden: „Beruhige dich doch." Beides erweist sich in der Realität meistens als nicht förderlich und wirkt oftmals verstärkend, weil sich der andere in seiner Emotionalität nicht verstanden fühlt. Um an die Hintergründe der Emotion zu kommen, hat es sich als hilfreich erwiesen, erst einmal Verständnis für die Emotion zu zeigen und sich dieses bestätigen zu lassen.

Fühlt sich eine Person richtig verstanden, dann ist sie oftmals auch in der Lage, mehr Informationen über die Hintergründe zu geben oder wieder sachlicher und konstruktiver zu diskutieren.

Um ein empathisches Verständnis auszudrücken,

- benennt der Diskussionspartner das wahrgenommene Gefühl eindeutig,
- lässt sich dieses bestätigen oder korrigieren und
- fragt konkretisierend nach, um den Hintergrund zu erfahren.

Um das Gefühl wirklich zu spiegeln, bedarf es der genauen Etikettierung der Emotion, die erlebt wird. Es reicht nicht aus, nur die Tendenz der Empfindung zu benennen: „Du fühlst dich im Moment nicht so gut, ist es das?", sondern das Gefühl sollte eindeutig benannt werden: „Du bist im Moment sehr verärgert, ist es das?" So kann sich die Person in ihrer Emotionalität verstanden fühlen und das Gefühl vielleicht ein Stück mehr loslassen.

Feedback geben/nehmen

„Jemandem ein Feedback, eine Rückkopplung zu seinem Verhalten mitzuteilen, heißt, ihm Aufschluss über die Auswirkungen – von ihm beabsichtigt oder nicht – seines Verhaltens auf seinen Gesprächspartner zu geben“ (Stabenau 1991).

Regeln für das Feedback-Geben

- Auf veränderbares Verhalten konzentrieren.
- Vorher fragen, ob Feedback erwünscht ist. Dies klärt die Bereitschaft und Akzeptanz. Ist die Antwort negativ, vermeiden Sie das Geben von Feedback.
- Zeitpunkt angemessen wählen, also zeitnah und für den Feedback-Nehmer deutlich erinnerbar.
- Ich-Aussagen verwenden. Das verdeutlicht die Subjektivität des Feedbacks.
- Uneingeschränkt offen und ehrlich sprechen. Da Feedback konkret auf ein, zwei Verhaltensweisen gegeben wird, braucht man nicht taktieren. Andererseits würde es nicht klärend wirken.

Nachfolgend eine Vorgehensweise, wie Sie ein „Ge-WIEV-tes Feedback“ geben können:

- **W = Wahrnehmung:** Hier soll nur das Verhalten beschrieben werden, so, wie es wahrgenommen wurde. Der Feedback-Geber soll hier nicht bewerten oder interpretieren („Ich habe beobachtet, dass du während unserer Diskussion dreimal etwas auf dein Smartphone geschrieben hast. Anschließend hast du gefragt, was wir gerade besprochen haben“). Dadurch wird es dem Feedback-Nehmer eher möglich, das Verhalten bei sich wiederzuerkennen. Die

Beschreibung soll konkret sein und nur das beinhalten, was der Feedback-Geber gehört bzw. gesehen hat.

- **I = Interpretation:** Hier sollen subjektive Deutungen, Vermutungen, Fantasien, die das Verhalten des anderen betreffen, deutlich gemacht werden. In diesem Punkt wird angesprochen, was vermutet wird, weshalb der andere dieses Verhalten gezeigt hat (z.B.: „Ich vermute, dass du sauer warst“ oder: „Ich denke, du warst enttäuscht“). Wichtig ist hierbei, dass die Interpretation ausdrücklich auf die eigene Person bezogen wird, sodass der andere nicht das Gefühl bekommt, er würde etwas unterstellt bekommen. Vielmehr hat er jetzt die Möglichkeit, nachzuprüfen, ob die Interpretation des Feedback-Gebers auf ihn zutrifft oder nicht. Dies ist als eine Unterstützung zur Selbstreflexion zu verstehen. Des Weiteren hilft die Interpretation dem Feedback-Nehmer, zu verstehen, warum sein Verhalten bestimmte Gefühle beim Feedback-Geber ausgelöst hat, die er dann im Punkt E ausführt.
- **E = Empfinden:** Unsere Interpretationen münden in Emotionen, und diese stellen die eigentliche Wirkung von Verhalten dar. In diesem Aspekt des Feedbacks wird beschrieben, welche Gefühle das Verhalten aufgrund der subjektiven Interpretation ausgelöst hat („Mich hat das geärgert, weil …“). Diesen Effekt zu kennen, ist wichtig für die Entscheidung des Feedback-Nehmers, ob er das Feedback annehmen will oder nicht.
- **V = Verhaltenswunsch:** Um ein Verhalten zu verändern, braucht man Alternativen. Nur so kann man entscheiden, ob und gegebenenfalls wie man sein Verhalten ändern will („Ich wünsche mir, dass du das Smartphone in der nächsten Diskussion ausschaltest“).

Feedback wird in der Diskussion nicht beiläufig gegeben, sondern ist, anders als bei den beschriebenen Fertigkeiten, eine Vorgehensweise, die unter vier Augen durchgeführt wird. Sie kann Bestandteil der Diskussion sein, wenn nur zwei Personen miteinander diskutieren. In allen anderen Fällen sollte ein günstiger Zeitpunkt abgewartet werden, in dem dann das Angebot zu Feedback erfolgt. Berücksichtigen Sie dies nicht, dann könnte sich der Diskussionspartner in der Gruppe bloßgestellt fühlen.

Kritisches Feedback sollte immer unter vier Augen gegeben werden. Positives Feedback kann auch in der Gruppe erfolgen, aber der Zeitpunkt muss auch hier sehr sensibel gewählt werden.

Mit den Fertigkeiten gemischte Botschaften offenlegen, Gefühle spiegeln und Feedback geben/nehmen zeigen Sie Ihrem Diskussionspartner, dass Sie ihn schätzen und Ihnen eine arbeitsfähige Beziehung wichtig ist. Gleichzeitig zeigen Sie über das Gefühle spiegeln und das Offenlegen gemischter Botschaften, dass Sie empathisch sind und sich wirklich für den Gesprächspartner interessieren.

Übergangsfloskeln vermeiden

Manche Menschen verwenden immer wieder, manche gar stereotyp, Floskeln, die sowohl das eigene Argument als auch die andere Meinung unter einen Hut bringen sollen wie beispielsweise

- Ja, aber …
- Du hast ja recht, aber …

- Ich verstehe dich ja, aber …
- Das ist richtig, aber …

Diese Floskeln sind vermutlich aus der Idee entstanden, dass, wenn ich den anderen beschwichtige oder mein Verständnis zeige, dann die Bereitschaft wächst, sich überzeugen zu lassen. Hier wird die Idee aus dem aktiven Zuhören, den Gedanken des Gegenübers aufzugreifen, verkürzt angewendet, in der Meinung, dass diese Floskeln dieselbe wertschätzende Wirkung haben wie z. B. das Paraphrasieren.

Die Wirkung der Übergangsfloskeln wird von den meisten Menschen als geringschätzend wahrgenommen, da die Diskussionspartner nicht definieren, wie sie das Gesagte verstanden haben, und oftmals im nächsten Satz erklären, dass sie nichts verstanden haben. Bei den „Ja, aber“-Formulierungen mit ihren Variationen kommt noch ein Antagonismus dazu. Denn in diesen Aussagen drücken die Gesprächspartner in verkürzter Art aus:

- „Ja, ich stimme dir zu, aber ich stimme dir nicht zu.“
- „Ich gebe dir recht, aber ich gebe dir doch nicht recht.“
- „Das siehst du richtig, aber auch falsch.“

Je nachdem wie sich die Beziehungsebene gestaltet, werden diese Floskeln mehr oder weniger missverstanden. Dadurch fällt es trotz bester Absichten schwer, eine vertrauensvolle Beziehungsebene herzustellen und/oder zu halten. Aus diesem Grund ist es ratsam, Übergangsfloskeln zu meiden und differenzierter mit den Äußerungen des anderen umzugehen.

Klare Übergangsformulierungen

- In diesem Punkt … stimme ich dir zu, in dem Aspekt … bin ich anderer Meinung."
- „Du siehst es also aus dieser Perspektive … ich habe dazu eine andere Sichtweise, weil …"
- „Hier … sehe ich Gemeinsamkeiten in unserer Diskussion … und in diesem Punkt bin ich unterschiedlicher Meinung, weil …"

Mit dieser differenzierten Art des Umgangs mit den Argumenten und Sichtweisen des Diskussionspartners zeigen wir nicht nur unsere Wertschätzung, sondern auch unsere Akzeptanz einer andersartigen Perspektive.

Bei der Pflege der Beziehungsebene, um Vertrauen herzustellen und zu halten, ist es nicht ausreichend, eine akzeptierende wertschätzende Haltung theoretisch zu besitzen, sondern diese Haltung muss sich auch im konkreten Verhalten widerspiegeln. Daran scheitern die meisten Versuche, eine wertschätzende Diskussionskultur zu installieren. Wir können immer nur das Verhalten unseres Diskussionspartners wahrnehmen. Von dieser Verhaltenswahrnehmung schließen wir dann auf die dahinterstehende Haltung. Ist uns das gezeigte Verhalten als unangenehm wirkend in Erinnerung, dann schließen wir auch auf negative Absichten. Damit ist der Kreislauf zur kommunikativen Störung eröffnet.

Die andere Frage, die sich anschließt, ist: Wie kann ich denn nun konkret mit Menschen umgehen, die ein für mich unangenehmes Verhalten zeigen? Dies wird im nächsten Abschnitt dargestellt.

2.3 Umgang mit schwierigen Diskussionspartnern

In Kapitel 2.2 wurden einige Fertigkeiten und Vorgehensweisen dargestellt, die der Pflege der Beziehungsebene und der Klärung von Kommunikationsstörungen dienen. Diese Fertigkeiten werden auch in diesem Teil verwendet, allerdings bezogen auf Diskussionspartner, die viele Menschen als schwierig bezeichnen. Es ist nicht möglich, zu definieren, welche Diskussionspartner schwierig sind oder nicht. Dies wird sehr subjektiv wahrgenommen und erlebt. Dennoch zeigt sich, dass viele Menschen folgende Typen als schwierig erleben:

- Besserwisser,
- Nörgler,
- Vielredner,
- Ablenker,
- Choleriker.

Dies sind nur Etiketten, die Menschen verliehen werden, die sich auf eine bestimmte Art und Weise verhalten. Nachfolgend eine Beschreibung der charakteristischen Verhaltensweisen dieser „Typen“ und wie man wertschätzend darauf reagieren kann.

Besserwisser

Der Besserwisser verwendet häufig Äußerungen wie:

- Es ist doch so …
- Haben Sie schon bedacht …
- Ja, wenn Sie noch berücksichtigen würden …

Oftmals folgen dann mehr oder weniger lange Ausführungen. Da der Besserwisser meist sachlich orientiert bleibt, empfehlen wir, ihn begründet zu unterbrechen, die Position zu paraphrasieren und nach seinem Vorschlag zu fragen:

Einbinden und konkretisieren

„Sie meinen also ... Habe ich Sie in Ihrem Sinne verstanden? Was schlagen Sie jetzt konkret vor?"

Hiermit können wir das Wissen nutzen, und mit der offenen Frage halten wir die Zielorientierung der Diskussion aufrecht.

Nörgler

Der Nörgler zeichnet sich dadurch aus, dass er an allem etwas auszusetzen hat. Üblicherweise verwendet er Killerphrasen wie:

- „Das funktioniert doch nie!"
- „Das haben wir noch nie (schon immer) so gemacht."

Da diese Aussagen wenig konkret sind, lohnt es sich, einen Blick dahinter zu werfen, um an mehr oder konkretere Informationen zu kommen. Da Killerphrasen häufig die Aufgabe haben, ein Gefühl zu transportieren, schlagen wir vor, die erlebte Empfindung zu spiegeln, um dann konkretisierend nachzufragen:

Ernst nehmen und nachfragen

- „Das haben wir noch nie so gemacht!"
  „Sie haben Bedenken, ob das so funktionieren kann. Ist das so?"
  „Ja."
  „Welche Bedenken haben Sie genau?"
- „Das haben wir schon immer so gemacht."
  „Sie sind sich noch nicht sicher, ob das funktionieren kann. Ist das so?"
  „Ja."
  „Was genau macht Sie unsicher?"

Beim Gefühle spiegeln haben wir akzeptable Empfindungsformulierungen gewählt. Dies liegt daran, dass die Killerphrase an sich noch keine Kommunikationsstörung darstellt, die wir klären müssen. Wir wollen den Diskussionspartner einladen, sachlich und konstruktiv weiterzumachen. In dieser Situation wäre es auch unangemessen, mit Gefühlen wie Ärger, Angst oder Ähnlichem zu arbeiten.

Bleibt der „Nörgler" jedoch in seiner Position, dann stellt sich die Frage, inwieweit eine Klärung nötig ist. Die konkretisierende Frage, die nach dem Spiegeln gestellt wird, sollte immer als offene Frage formuliert sein und das Adjektiv „genau" oder „konkret" enthalten. Beide Kriterien bewirken, dass der Diskussionspartner aus dem Fühlen ins Denken kommt und wir somit an wertvolle Informationen kommen können.

Nutzen Sie also die „Nörgelei" zum Einstieg in eine sachliche Diskussion, die wertschätzend startet. Übrigens – Appelle an die Sachlichkeit bewirken in der Regel nichts.

Eng verwandt mit dem Nörgler ist der Nein-Sager. Der Nein-Sager ist eine Person, die erst mal allem ablehnend gegenübersteht. Bei Nein-Sagern empfiehlt sich die gleiche Vorgehensweise wie beim Nörgler.

Vielredner

Vielredner zeichnen sich dadurch aus, dass sie viel sprechen und dabei dasselbe in unterschiedlichen Varianten darstellen. Manchmal sieht sich dieser Typ dazu gezwungen, da die Diskussionspartner oftmals keine Reaktion zeigen, sondern passiv zuhören. Der Vielredner denkt dann aber möglicherweise, dass die Zuhörer nichts verstanden haben, und wiederholt mit anderen Worten. Viele halten diesen Typ für schwierig, weil sie sich nicht trauen, ihn zu unterbrechen. Aber genau das sollten Sie begründet tun, so wie wir es beim Paraphrasieren beschrieben haben.

Unterbrechen und zusammenfassen

Unterbrechen Sie den Vielredner begründet und fassen die Hauptbotschaft des Gesagten zusammen.

Sie werden überrascht sein, wie viele Vielredner aufhören können, da sie sich verstanden fühlen. Macht er dennoch weiter, dann wird die Prozedur wiederholt, und Sie verwenden nach ihrer Paraphrase eine offene Frage wie z.B.: „Was meinen die anderen dazu?“ Dadurch werden die anderen Diskussionsteilnehmer aufgefordert, aktiv Stellung zu nehmen.

Ablenker

Der Ablenker verhält sich ähnlich wie der Vielredner, allerdings wechselt er andauernd das Thema. Dabei ist es ihm scheinbar egal, welches Thema er nimmt, hauptsächlich jedoch auf keinen Fall das offizielle. Mit dieser Strategie versucht der Ablenker, bestimmten Dingen auszuweichen, die für ihn unangenehm sind. Im Prinzip verhalten wir uns ihm gegenüber wie beim Vielredner, nur am Ende wird auf jeden Fall eine Frage gestellt:

Zum Thema zurückbringen

- „Was hat dies mit unserem Thema zu tun?"
- „Sie sprechen gerade über … Inwieweit hilft uns das, unser Diskussionsziel zu erreichen?"

Diese Fragen helfen, den Ablenker wieder in die gemeinsame Richtung zu bekommen. Hilft dies nicht, so können Sie auch das Gefühl spiegeln, so wie es bei den Nörglern vorgesehen ist:

▶ „Das Thema scheint für Sie unangenehm zu sein, ist das so? Was genau macht das Unwohlsein aus?"

Allerdings sollten Sie diese Intervention nur unter vier Augen stattfinden lassen, da es hier nicht um einen spezifischen Inhalt oder Vorschlag geht, sondern um das gesamte Thema. Verwenden Sie das in einer Gruppe, könnte sich der Angesprochene blamiert fühlen. In der Gruppe könnten Sie beispielsweise folgende Formulierung verwenden:

- „Wollen wir nachher nochmal das Thema zu zweit vertiefen? Jetzt konzentrieren wir uns erst mal auf unser Anliegen.“

Choleriker

Der Choleriker ist eine besondere Art des Diskussionspartners. Immer leicht reizbar, reagiert er auf jede Kleinigkeit unangemessen intensiv. Schreien, drohen, beleidigen und meist viel Bewegung sind die Verhaltensweisen eines Cholerikers. Auch wenn es ihm nach dem Ausbruch leidtut, so erleben viele Menschen das Verhalten eines Cholerikers als bedrohlich. Der Choleriker ist ein Fall für Feedback und eventuell sogar einer Meta-Kommunikation (reden über die Kommunikation), dennoch ist es wichtig, auch im Gespräch deutlich zu zeigen, dass hier eine Grenze überschritten wird.

Manche, die einem Choleriker ausgesetzt sind, sagen, dass sie den Ausbruch „halt“ aushalten und später dann das Gespräch noch mal suchen, oder dass der Mensch eben so ist, wie er ist, und man damit umgehen muss. Es kann sein, dass Menschen gelassen damit umgehen. Die meisten scheinen es jedoch nicht zu können.

Klare Grenzen setzen

Wird der cholerische Ausbruch als Grenzverletzung der eigenen persönlichen Grenzen gesehen, dann ist es angemessen, nein, dann ist es Ihr Recht, eine deutliche Grenze zu setzen. Stehen Sie während des Ausbruchs auf und sagen Sie dem Choleriker klipp und klar:

- „Ich möchte nicht, dass Sie so mit mir sprechen."
- „Sie werden im Moment sehr laut, ich möchte nicht, dass Sie so mit mir reden."
- „Ich würde unsere Differenzen gerne mit Ihnen diskutieren, aber nicht in dieser Art."

Das sollte in der Regel genügen, um in der Situation das Gesicht zu wahren und die eigene Person zu schützen. Das Setzen von Grenzen muss klar und deutlich erfolgen, Weichmacher und Füllwörter sind zu vermeiden. Ihre Körpersprache sollte ebenfalls Entschlossenheit signalisieren, wie Ihre Stimme, die laut und deutlich sein sollte. Ihre ganze Botschaft lautet nämlich: Bis hierhin und nicht weiter! Bemerkungen rassistischer, sexistischer, faschistischer Art begegnen Sie bitte auch auf diese energische und klare Art. Denn die eigene Würde zu achten und zu bewahren hat Vorrang vor Kooperation und Wertschätzung.

Die Gestaltung einer tragfähigen Beziehung, auch bei schwierigen Gesprächsteilnehmern, ist eine wichtige Grundlage für ein erfolgreiches Diskutieren. Daneben braucht jedoch jedes Gespräch, jede Diskussion auch eine Struktur und ein Ziel. Struktur und Ziel ermöglichen es den Diskutierenden, Fortschritte zu erzielen und zu erkennen. Wie eine hilfreiche Struktur aussehen kann und weshalb Diskussionsziele wichtig sind, beschreibt das nächste Kapitel.

3 Etappen zum Ziel

Häufig geht es in Diskussionen sofort ans „Eingemachte". Schon bei der ersten Idee oder Meinung, die zu Beginn von jemand geäußert wird, argumentieren die anderen dagegen, oder es werden erste Ideen ewig lang zerredet und andere Positionen erst gar nicht gehört.

So wird es schwer oder gar unmöglich, das Diskussionsziel zu erreichen. Im Gegenteil, es führt zu einer Verfestigung von Positionen. Damit zielgerichtet diskutiert werden kann und auch alle Beteiligten die letztendlich gemeinsam getroffene Entscheidung gut mittragen können, bedarf es eines strukturierten Ablaufs der Diskussion.

3.1 Struktur/Phasen einer Diskussion

Eine Struktur schafft Orientierung. Und eine klare Orientierung fördert eher die aktive Beteiligung und die Zielverfolgung der Diskussionsteilnehmer. Folgende Struktur soll Sie in oder bei Ihren Diskussionen unterstützen:

Das Thema klären

Wir empfehlen, das Diskussionsthema als offene Frage oder als Kurzsatz zu formulieren. Beispiele dazu: „Welche Verhaltensregeln benötigen wir für unsere Zusammenarbeit?" oder: „Regeln, die uns in unserer Zusammenarbeit unterstützen."

Das gemeinsame Diskussionsziel vereinbaren

Das Diskussionsziel beschreibt, was am Ende der Diskussion erreicht wurde (siehe hierzu Kapitel 3.2).

Die verschiedenen Positionen austauschen

In dieser Phase geht es darum, erst mal die unterschiedlichen Positionen oder Meinungen zu hören und zu verstehen. Hier soll eine Transparenz geschaffen werden, ohne sofort in die direkte Konfrontation einzusteigen. Häufig wird sofort eine erste Position oder Meinungsäußerung bis ins kleinste Detail ausdiskutiert und zerredet. Andere Positionen werden dann kaum geäußert oder gehört. Erst wenn die unterschiedlichen Positionen in der Diskussionsgruppe transparent sind, wissen die Beteiligten, in welchem Rahmen sie diskutieren können. Hier soll bewusst eine Komplexität (Vielfalt) hergestellt werden, bevor es später zu einer Entscheidungsfindung kommt.

„*I will listen to you, especially when we disagree.*“ (Barack Obama, 04.11.2008)

Die unterschiedlichen Positionen behandeln

Hier beziehen sich die Diskussionsteilnehmer aufeinander, indem sie die verschiedenen Positionen behandeln und argumentieren. Dabei werden Gemeinsamkeiten und Unterschiede herausgearbeitet. Erste Koalitionen werden gebildet und später verfestigt. Eine Annäherung auf Ebene der Sachargumente ist manchmal schwierig. Wir empfehlen Ihnen, genau hinzuhören, welche Interessen hinter den Sachargumenten liegen. Auf der Ebene der Interessen lassen sich manchmal eher Gemeinsamkeiten entdecken. Das reine Beharren auf Positionen führt zu keiner Annäherung.

„Darüber hinaus ist der Ausgleich von Interessen nützlicher als jeder Positionskompromiss, weil es trotz gegensätzlicher Positionen in aller Regel mehr gemeinsame als gegensätzliche Interessen gibt" (Fischer, Ury, Patton 2001).

Mit kleinen Schritten zum Ziel

Gehen Sie in Ihrer Diskussion auch mal den Weg der kleinen Schritte. Das heißt, arbeiten Sie erste kleine Gemeinsamkeiten heraus (aktives Zuhören!) und thematisieren Sie diese. Halten Sie diese dann als Zwischenergebnis fest. Diejenigen, die es verstehen, in Diskussionen auch immer wieder Gemeinsamkeiten im Blick zu haben und zu thematisieren, haben mehr Wirkung und Einfluss auf die Diskussion als diejenigen, die nur das Trennende sehen und mit allem im Widerstand sind.
Das Herausarbeiten von Gemeinsamkeiten, auch wenn sie noch so klein und geringfügig erscheinen, wird als konstruktiv und zielführend wahrgenommen. Eine Annäherung zu den Diskussionspartnern wird somit eher möglich.

Ergebnisse/Maßnahmen vereinbaren

Hier kommen wir so langsam zum Ende der Diskussion, und die Gruppe steigt in den Entscheidungsprozess ein. Dabei werden die gefundenen Gemeinsamkeiten herausgearbeitet, gebündelt und Konsequenzen für die Entscheidung abgeleitet. Das Ergebnis wird mit dem Ziel der Diskussion abgeglichen. Somit wird die Zielerreichung überprüft. Falls die Gruppe zu einem gemeinsamen Ergebnis gekommen ist und das Ziel erreicht wurde, ist es wichtig, dies auch als verbindlich für die anderen noch mal herauszustellen.

Vereinbaren eines Ergebnisses

„Ich sehe, wir haben uns auf die zwei Regeln … geeinigt, wer sieht das noch nicht so? (Es kommt kein Gegenvotum.) Dann halte ich die Regeln … als gemeinsam vereinbart fest. Damit haben wir unser Diskussionsziel erreicht."

Häufig wird eine Einigung erzielt, aber sie wird dann nicht eindeutig formuliert. Durch eine eindeutige Formulierung werden alle Diskussionsteilnehmer „ins Boot" geholt, und es wird unmissverständlich Klarheit hinsichtlich des Ergebnisses geschaffen. Wenn das Ziel nicht erreicht wurde, soll trotzdem festgehalten werden, was das Ergebnis der Diskussion ist. So kann das Ergebnis auch lauten: „Wir sind zu keinem gemeinsamen Ergebnis gekommen." Es sollte dann vereinbart werden, welche Konsequenz das hat und wie die Gruppe damit umgehen will (siehe hierzu auch Kapitel 3.3).

Reflexion der erlebten Diskussion

Besonders Gruppen, die etabliert sind und sich in gleichen Zusammensetzungen häufiger zu Diskussionen und zum Austausch treffen, empfehlen wir, die eine oder andere Diskussion gemeinsam kurz zu reflektieren. Hierbei schaut die Gruppe auf die Qualität der zurückliegenden Diskussion. Ziel ist es, die erlebten Stärken in der Diskussion und Möglichkeiten zur Veränderung bei zukünftigen Diskussionen zu entdecken.

Mögliche Reflexionsfragen

- Wie zufrieden bin ich mit dem Verlauf der Diskussion?
- Was hat es uns leicht gemacht, unser Ziel zu erreichen?
- Was hat es so schwer gemacht, das Ziel zu erreichen?
- Was sollten wir beim nächsten Mal beibehalten?
- Was sollten wir beim nächsten Mal anders machen?
- Welche Verhaltensregel wünsche ich mir für unsere nächste Diskussion?

Gerade Gruppen und Teams, die über einen längeren Zeitraum zusammenarbeiten, haben hierüber die Chance zur Selbstqualifikation. Die einzelnen Gruppen- oder Teammitglieder können sich in ihrer sozialen Kompetenz weiter ausprobieren und entwickeln.

3.2 Das Ziel einer Diskussion

Wer das Ziel der Diskussion nicht kennt, hat keine Möglichkeit, sich zielgerichtet auf die Diskussion vorzubereiten bzw. in der Diskussion seine Interessen zielgerichtet zu vertreten. So benötigt jede Diskussion ein eindeutig formuliertes und mit den Beteiligten vereinbartes Diskussionsziel. Ein klares Diskussionsziel ermöglicht und fördert die aktive Beteiligung an der Diskussion. Ansonsten würde man eher ins Blaue hinein diskutieren, was nicht gerade dazu einlädt, sich für das Thema zu engagieren.

„*Wer den Hafen nicht kennt, in den er segeln will, für den ist kein Wind der richtige.*" (Seneca)

Ein klares Diskussionsziel ist motivierend. Die Beteiligten erkennen den Nutzen und die Sinnhaftigkeit der Diskussion. Ein klares Diskussionsziel unterstützt die Beteiligten, am zentralen Thema der Diskussion zu bleiben. Das Ziel gibt eine Orientierung, wie intensiv oder detailliert ein Thema zu diskutieren ist.

Mithilfe eines klaren Diskussionsziels können die Qualität und der Erfolg der Diskussion reflektiert werden:

- Wurde das Diskussionsziel erreicht?
- Was hat uns geholfen, das Diskussionsziel zu erreichen? Wenn das Diskussionsziel nicht erreicht wurde, was waren die Ursachen und was sollten wir beim nächsten Mal anders machen?

Das Diskussionsziel gibt in der Regel der Leiter der Diskussion vor. Jedoch kann auch in Diskussionsrunden, die nicht geleitet werden, jeder Diskussionsteilnehmer ein Diskussionsziel vorschlagen und mit den anderen vereinbaren.

Beginnen Sie mit der inhaltlichen Diskussion erst, wenn alle Diskussionsteilnehmer das Ziel verstanden haben und auch die Bereitschaft vorhanden ist, unter diesem Ziel die Diskussion zu führen.

Sechs Kriterien stehen für Qualitätsmerkmale eines eindeutigen und motivierenden (aktivierenden) Diskussionsziels. Diese Kriterien sollen Ihnen bei der Formulierung und Überprüfung des Diskussionsziels behilflich sein:

- konkret,
- positiv,
- relevant,

- realistisch,
- verfahrensgebend,
- ergebnisoffen.

Konkret

Die Zielformulierung beinhaltet eine konkrete Beschreibung dessen, was am Ende der Diskussion erreicht werden sollte.

Konkrete und unkonkrete Formulierungen

Unkonkret wäre eine Formulierung, die lauten würde: „Wir haben Ideen zur Verbesserung unserer Zusammenarbeit gefunden." In diesem Beispiel werden keine Angaben gemacht, um wie viele Ideen es geht. Ist das Ziel nach zwei gefundenen Ideen schon erreicht oder erst nach vier Ideen? Des Weiteren ist das Wort Ideen in diesem Zusammenhang auch etwas vage. Geht es hierbei um organisatorische Dinge und/oder um Verhaltensweisen?
Konkreter ist in diesem Kontext folgende Formulierung: „Wir haben uns gemeinsam auf drei beobachtbare Verhaltensregeln geeinigt, die uns in unserer zukünftigen Zusammenarbeit unterstützen."

Positiv

Von der Wortwahl her sollte das Diskussionsziel positiv formuliert sein. Denn so entsteht bei den Diskutierenden eher ein Bild von dem, was erreicht werden soll.

Wir können jemandem sagen: „Lass das Glas nicht fallen." Oder: „Halte das Glas gut fest." Beide Aussagen wirken unterschiedlich. Erst wenn dem Gehirn ein konkretes Bild von dem gewünschten Verhalten angeboten wird, besteht eine große Wahrscheinlichkeit, dieses auch zu erreichen oder umzusetzen.

Negative und positive Formulierungen

Eine negative Formulierung wäre hier: „Wir haben uns darauf geeinigt, was wir in Zukunft im Umgang mit unseren Kunden vermeiden sollten."
Sicherlich fallen hierzu den Diskutierenden viele Ideen ein. Sie wissen zwar, was sie vermeiden sollen, haben aber keine Vorstellung von dem, was sie in Zukunft konkret tun sollen, sprich wie ihr konkretes Verhalten ausschauen soll.
Eine positive Formulierung wäre dagegen: „Wir haben gemeinsam vier konkrete Verhaltensweisen formuliert, die wir in Gesprächen mit unseren Kunden anwenden werden."

Relevant

Hier ist zu überprüfen, ob das formulierte Ziel auch für alle an der Diskussion Beteiligten eine Relevanz hat. Das Ziel kann noch so eindeutig und klar formuliert sein, haben jedoch das Thema und das damit verbundene Ziel für die Diskussionsteilnehmer (oder einen Teil der Diskussionsteilnehmer) keine Bedeutung, wird die Motivation, sich aktiv an der Diskussion zu beteiligen, eher gering sein. Im Gegenteil – es wird vermutlich zu Störungen und unsachgemäßen Äußerungen kommen.

Realistisch

Unter diesem Kriterium ist zu überprüfen, ob es sich bei dem formulierten Ziel um ein realistisches Ziel handelt. Realistisch ist ein Ziel:

- Wenn alle Teilnehmer das notwendige Wissen oder die hinreichenden Informationen haben, um sich aktiv und zielgerichtet an der Diskussion zu beteiligen.
- Wenn die Diskussionsteilnehmer auch die Berechtigung haben, letztendlich im Rahmen des Themas und des Ziels Entscheidungen zu treffen.
  Das Ziel „Wir haben uns auf eine Lösung geeinigt, wie die Sicherung des Produktionsstandortes Grüne Halde gewährleistet wird" ist beispielsweise auch für die beschäftigten Stapelfahrer relevant, und diese haben vielleicht auch eine Lösung des Problems, aber vermutlich werden sie keine Berechtigung haben, hierzu eine Entscheidung zu treffen. Eine Diskussion nur innerhalb der Gruppe der Stapelfahrer bringt hier also nichts,
- Wenn das Ziel im vorher festgelegten Zeitrahmen auch erreicht werden kann.

Hinsichtlich der Abhängigkeit zwischen Diskussionsziel und Zeitrahmen gibt es zwei Überlegungen:

- Das Diskussionsziel wird bestimmt, und danach wird festgelegt, was ein realistischer Zeitrahmen ist, in dem das Ziel erreicht werden kann.
- Der Zeitrahmen für die Diskussion steht fest (und kann nicht verändert werden), und danach wird überlegt, wie das Ziel formuliert werden muss, damit es in der zur Verfügung stehenden Zeit realistisch erreicht werden kann.

Verfahrensgebend

Die Zielformulierung enthält noch einen Hinweis, über welches Verfahren das Ziel erreicht wurde. Soll die Gruppe zu einer Konsensentscheidung kommen, oder handelt es sich um einen Mehrheitsbeschluss …?

„Wir haben uns **gemeinsam (im Konsens)** auf drei beobachtbare Verhaltensregeln geeinigt, die uns in unserer zukünftigen Zusammenarbeit unterstützen." Oder:
„Wir haben uns **durch einen Mehrheitsbeschluss** auf drei beobachtbare Verhaltensregeln geeinigt, die uns in unserer zukünftigen Zusammenarbeit unterstützen."

Wie die Gruppe zu einer Entscheidung kommen will, also das Verfahren der Entscheidungsfindung, sollte bereits in der Zielformulierung definiert werden. So ist von Anfang an für Transparenz gesorgt, und die Beteiligten können ihre ungeteilte Aufmerksamkeit ganz auf die inhaltliche Diskussion und die anderen Beteiligten richten.

Ergebnisoffen

Wenn immer es das Thema ermöglicht, sollte das Ziel so formuliert sein, dass es einen kreativen Austausch und eine lebendige Diskussion zwischen den Beteiligten ermöglicht. Dagegen führen Pro-und-Kontra-Diskussionen, die nicht immer zu vermeiden sind, häufiger zu einem Beharren auf Positionen und manchmal dann auch zu einem Gewinner-Verlierer-Spiel.

Nicht ergebnisoffene und ergebnisoffene Formulierung

„Wir haben gemeinsam entschieden, ob die Vertrauensarbeitszeit in unserer Abteilung eingeführt werden soll." Hier gibt es im Grunde genommen als Ergebnis nur zwei Alternativen. Für oder gegen die Einführung der Vertrauensarbeitszeit. Die Positionen sind somit schon im Vorfeld festgelegt, und eine gemeinsame Einigung wird schwer. Es geht den Einzelnen eher darum, ihre Position zu verteidigen. Die Bereitschaft zum Perspektivenwechsel und das gemeinsame Suchen nach weiteren Alternativen sind hierbei sehr gering. „Wir haben gemeinsam einen Vorschlag erarbeitet, wie in Zukunft die Arbeitszeitregelung in unserer Abteilung gestaltet werden soll." Hier ist das Ergebnis völlig offen und lässt viele Alternativen zu. Auch ist unter diesem Ziel die Chance eher höher, zu einem gemeinsamen Ergebnis zu kommen, mit dem sich alle identifizieren können.

Es kann auch immer wieder zu Diskussionen kommen, in denen zwischen zwei Alternativen entschieden werden muss, ja oder nein bzw. dafür oder dagegen. Jedoch leistet eine ergebnisoffene Zielformulierung eher, dass alle Beteiligten am Ende als Gewinner dastehen.

Nehmen Sie sich Zeit für die Zielformulierung

Eine gute Zielformulierung benötigt manchmal etwas mehr Zeit als gedacht. Planen Sie hierzu genügend Zeit für die Entwicklung des Diskussionszieles ein. Am besten nutzen Sie ein Blatt Papier und formulieren Sie es handschriftlich. Lesen Sie es sich immer wieder vor, überprüfen Sie es, korrigieren Sie es, bis Sie den Eindruck haben, jetzt passt es und die genannten Kriterien sind gut umgesetzt.

3.3 Entscheidungsverfahren

Das Entscheidungsverfahren ist eine Prozedur, über die die Diskussionsgruppe zu einer Entscheidung bzw. zu einem Ergebnis kommt.

In der Phase der Entscheidungsfindung (in der also das Entscheidungsverfahren zum Tragen kommt) erleben sich Diskussionsgruppen manchmal als sehr hilflos, gerade dann, wenn sie zu Beginn der Diskussion nicht eindeutig vereinbart haben, über welches Verfahren sie zu einer Entscheidung oder einem Ergebnis kommen wollen. So kommt es manchmal gegen Ende der Diskussion zu parallel verlaufenden Verfahrensdiskussionen, in denen dann versucht wird, zu klären, wie denn nun eine Entscheidung getroffen werden soll: Soll nun abgestimmt werden, oder will man doch besser eine Konsensentscheidung? Oder soll lieber der Leiter entscheiden, oder ist es doch besser, sich zu vertagen? Diese Verfahrensdiskussionen gegen Ende kosten Energie und sind oftmals sehr anstrengend und unbefriedigend.

Vereinbaren Sie zu Beginn der Diskussion mit den anderen, über welches Verfahren Sie später zu einer Entscheidung bzw. zu einem Ergebnis kommen wollen. Die Art und Weise der Entscheidungsfindung kann schon im Diskussionsziel mit formuliert sein (siehe unter 3.2 „Verfahrensgebend") oder als Ergänzung zum Diskussionsziel formuliert werden.

Über folgende Verfahren können die Diskutierenden zu einer Entscheidung kommen:

- Mehrheitsentscheidung,
- Konsensentscheidung,
- mögliche Alternativen.

3.3.1 Mehrheitsentscheidung

Die Mehrheitsentscheidung führt relativ schnell zu einem Ergebnis, welches klar und eindeutig erscheint, und es wird erwartet, dass sich jeder dem Ergebnis beugt. Jedoch sind Mehrheitsentscheidungen (Abstimmungen) sehr häufig ein Gewinner-Verlierer-Spiel, und darin liegt auch eine Problematik dieses Verfahrens. Das über dieses Verfahren getroffene Ergebnis ist in der gesamten Gruppe nicht immer tragfähig, und man kann nicht sicher sein, ob man wirklich alle Diskussionsteilnehmer „im Boot" hat. Dies trifft besonders dann zu, wenn sich das Verfahren der Mehrheitsentscheidung in einer Gruppe etabliert hat und das ein oder andere Gruppenmitglied häufiger zu den „Verlierern" gehört. Bei diesen Gruppenmitgliedern sinkt die Motivation, die so getroffenen Entscheidungen mitzutragen. Im Gegenteil – sie üben sich im Widerstand, und die Entscheidungen oder Ergebnisse werden möglicherweise später infrage gestellt. Auch kann es zu Demotivation bei zukünftigen Diskussionen führen.

Die Mehrheitsentscheidung ist ein anerkanntes, demokratisches Verfahren zur Entscheidungsfindung. Besonders in Großgruppen, in großen Sitzungen, bei Wahlen usw. machen Mehrheitsentscheidungen Sinn, denn sonst würden kaum Ergebnisse erzielt werden. Auch erscheint es in diesen Großgruppenkonstellationen für jeden Beteiligten sinnvoll, ein Ergebnis über eine Mehrheitsentscheidung zu treffen.

Da, wo es Mehrheiten gibt, gibt es auch Minderheiten.

Und die Beziehungsqualität einer Gruppe zeigt sich gerade im Umgang mit Minderheiten. Das führt zu einem anderen Entscheidungsverfahren, welches diese Polarisierung vermeidet und eher das Verbindende und Gemeinsame sucht.

3.3.2 Konsensentscheidung

Eine Konsensentscheidung liegt dann vor, wenn die Entscheidung zwischen zwei Parteien oder innerhalb einer Gruppe einvernehmlich getroffen und keiner gegen seinen Willen zu dieser Entscheidung gezwungen wurde. Eine hohe Identifikation der Beteiligten mit dem Ergebnis oder mit der Entscheidung ist der große Vorteil dieses Verfahrens. Hier gibt es kein Gewinner-Verlierer-Spiel, sondern alle können sich als Gewinner sehen.

Über eine Konsensentscheidung zu einem Ergebnis zu kommen ist jedoch auch oftmals eine große Herausforderung für die Diskussionsgruppe, besonders dann, wenn viele unterschiedliche Interessen vorhanden sind. Diskussionen können länger dauern, und wenige Gruppenmitglieder oder auch ein Einzelner kann durch seinen Widerstand oder Einspruch eine Entscheidungsfindung blockieren.

Trotzdem birgt die Konsensentscheidung viele Chancen für die Diskutierenden. Neben der angesprochenen hohen Identifikation mit dem Ergebnis wird zudem die Entwicklung der sozialen Kompetenz der einzelnen Gruppenmitglieder gefördert. Denn es braucht hierbei eine hohe Bereitschaft der Diskutierenden (mehr als bei der Mehrheitsentscheidung), sich auf die anderen einzulassen, gut zuzuhören, Für und Wider abzuwägen, Gemeinsamkeiten herauszuarbeiten, eigenverantwortlich die eigenen Interessen zu leiten, unterschiedliche Interessen und Bedürfnisse wahrzunehmen und zu behandeln.

Reflektieren Sie am Ende gemeinsam die Diskussion

Besonders dann, wenn Sie über einen längeren Zeitraum in Ihrer Gruppe zusammenarbeiten, ermutigen Sie Ihre Kolleginnen oder Kollegen, die erlebte Diskussion kurz zu reflektieren. Aus der Reflexion können Sie dann gemeinsam zwei oder drei Spielregeln ableiten, welche Sie in Ihrem zukünftigen Diskussionsverhalten unterstützen und fördern.

Für viele Gruppen ist es eine große Herausforderung, über einen Konsensentscheid zu einem Ergebnis zu kommen. Und manchmal gelingt dies trotz aller Bemühungen nicht. Die Frage, die hierzu viele Gruppen beschäftigt, ist: „Was tun wir, wenn wir gemeinsam zu keiner Einigung kommen?“

Klären Sie schon zu Beginn der Diskussion (z. B. nach der Zielvereinbarung) mit den anderen, was Sie tun wollen, wenn eine Konsensentscheidung nicht möglich erscheint. Damit wird ein Druck von der Gruppe genommen. Nutzen Sie diese Alternativen jedoch erst, wenn alle Versuche, zu einem Konsens zu kommen, gescheitert sind.

3.3.3 Mögliche Alternativen

Neben diesen beiden gebräuchlichsten Entscheidungsverfahren gibt es noch andere Möglichkeiten, zu einem Ergebnis zu kommen. Hier ein kurzer Überblick:

- Leiterentscheidung (falls Diskussion geleitet wird):
  Dem Leiter wird hier viel Macht zugeschrieben, denn er trifft in diesem Fall die endgültige Entscheidung. Bei seiner Entscheidungsfindung sollte er die Tendenzen aus der Gruppe berücksichtigen und dann seine Entscheidung begründen.
- Entscheidung abgeben (nach „oben“ delegieren, Auftraggeber entscheidet):
  In diesem Fall wird die Entscheidungsfindung zurückdelegiert an den Auftraggeber oder Vorgesetzten. Dazu wird eine Person aus der Gruppe bestimmt, die den Auftraggeber oder Vorgesetzten darüber informiert, dass sich die Gruppe auf kein gemeinsames Ergebnis einigen konnte. Zudem sollte der Auftraggeber oder Vorgesetzte über zentrale inhaltliche Aussagen und inhaltliche Positionen informiert werden. Diese sollen ihn in seiner Entscheidungsfindung unterstützen. Die Diskussionsgruppe entscheidet gemeinsam, was berichtet werden soll. Es werden keine Aussagen über Teilnehmer der Diskussion gemacht.
- Kleinster gemeinsamer Nenner:
  Bei dieser Alternative werden Zwischenergebnisse (Punkte, bei denen in der Diskussion schon erste Einigungen erzielt wurden) als Endergebnis der Diskussion definiert. Es kann sich während einer Diskussion herausstellen, dass das Ziel zu ambitioniert formuliert war. So wurde das Ziel der Diskussion zwar nicht erreicht, aber die bis dahin vereinbar-

ten Zwischenergebnisse sind für alle Beteiligten zufriedenstellend.

- Vertagen:
  Hier wird ein neuer Zeitpunkt für die Fortführung der Diskussion vereinbart. Manchmal sind Positionen festgefahren, man dreht sich im Kreis ... eine Einigung erscheint weit entfernt. Die Diskussion wird dann als quälend erlebt, und der Wunsch, zu einem anderen Zeitpunkt die Diskussion mit neuem Elan fortzuführen, ist in der Gruppe spürbar.

Reflexionsfragen zur Diskussionsqualität

Bevor die Gruppe auseinandergeht, reflektieren Sie kurz die Diskussion über folgende Fragen:

- Was wollen wir als Zwischenergebnis festhalten?
- Womit werden wir beim nächsten Mal einsteigen?
- Welchen Wunsch habe ich bezüglich unserer Vorgehensweise?
- Welchen Wunsch habe ich bezüglich unseres Umgangs miteinander?

Über diese Fragen soll entdeckt werden, was bei der Fortsetzung der Diskussion verändert werden kann, um dadurch eher das gemeinsame Ziel der Diskussion zu erreichen.

4 … aber logisch!

4.1 Überzeugen durch logische Argumentation

In Diskussionen sollte es darum gehen, die Meinungen auszutauschen, kennenzulernen, zu verstehen und dann zu verhandeln, um eine Lösung in beiderseitigem Konsens zu finden. Die Argumentation ist hierfür ein fester Bestandteil. Mit guten nachvollziehbaren Argumenten kann der Gesprächspartner die eigene Position nachvollziehen, und es ist leichter möglich, ein gemeinsames Verständnis zu finden. Mit logisch aufgebauten Argumenten lassen sich Probleme lösen oder Meinungsverschiedenheiten klären.

Dem Gesprächspartner die eigene vorgeprägte Meinung aufzudrängen, hat nichts mit einem wertschätzendem Austausch zu tun und wirkt sich auf Dauer sehr negativ auf die Beziehung aus.

Um andere Menschen zu überzeugen, bedarf es mehrerer Bedingungen:

- die innere Haltung der Wertschätzung und damit verknüpft die Entschlossenheit, dem Gegenüber zuzuhören und es verstehen zu wollen (siehe Kapitel 2),
- eine logische Struktur der Argumentation (siehe Kapitel 4.3),
- den situativ richtigen Zeitpunkt sowie
- die Betroffenheit an dem Problem/Thema.

Dabei wird der Diskussionsverlauf geprägt sein von Phasen des Dialogs gepaart mit Phasen des Monologs. Monologe sollten präzise, kurz und verständlich sein. Bei den Dialogen braucht es aufmerksames Zuhören und gegebenenfalls gezieltes Nachfragen, um die Position des anderen zu verstehen (siehe Kapitel 2). Um die eigene Argumentation schlüssig aufbauen zu können, ist eine wesentliche Grundlage, das Problem oder auch das zu diskutierende Thema zu verstehen.

Ein Problem ist nicht gleich ein Problem. Was für den einen ein Problem darstellt, ist für den anderen nicht der Rede wert. Paul Watzlawick prägte u. a. den Grundsatz, dass wir Menschen subjektive Wahrheiten haben und jede Wahrheit individuell richtig ist. Wenn z. B. ein Mitarbeiter ein Problem hat, sieht ein anderer darin kein Problem.

Ergründen eines Problems

Ein Mitarbeiter (A) ist in der Besprechung eines Projekts der Meinung, dass die Termine bis zum Projektabschluss nicht gehalten werden können und somit das Projektende verzögert wird. Der Puffer war aus seiner Sicht zu klein eingeplant. Mal angenommen, ein Projektkollege (B) ist der Meinung, dass der zu klein geplante Puffer kein Problem ist. Er ist davon überzeugt, dass das geplante Projektende noch erreicht werden kann. So könnte er fragen:
„Was wäre, wenn das kein Problem ist und wir dafür eine Lösung hätten, was ist das eigentliche Problem?"
A könnte überlegen und antworten: „Okay, mal angenommen, wir schaffen das Projektende. Dann bräuchten wir aber in jedem Fall mehr Mitarbeiter, die die Aufgaben parallel erledigen."

B fragt weiter: „Was ist das Problem daran?"
A: „Wir bekommen gerade von unserem Management keine Freigabe für zusätzliche Projektkollegen."
B: „Ah … das bedeutet, das eigentliche Problem ist nicht, dass wir das Projektende nicht erreichen können, sondern dass wir mehr Personal brauchen, um sicher und erfolgreich das Projekt zu Ende zu bringen, und wir demnach unser Management überzeugen müssten?"

Die Konsequenz für eine Diskussion kann zufolge dieses Beispiels heißen, dass die Diskussionsbeteiligten sich zu Beginn darüber austauschen, worin genau das Problem in dem Sachverhalt liegt und wie das Problem aus den verschiedenen Perspektiven der Beteiligten aussieht. Denn jeder Mensch hat aufgrund seiner Erfahrungen, seines Wissens und seiner Expertise einen anderen Blick auf Probleme und Lösungen. Gehen Sie erst in den eigentlichen Austausch der Argumente, wenn das Problem klar und eindeutig beschrieben ist.

4.2 Definition von These und Argumenten

Um in eine Diskussion einzusteigen, benötigt man einen eigenen Standpunkt. Dieser kann aus dem Wissen, aus Erfahrung oder auch aus einer Vision abgeleitet sein. Wenn man keinen festen Standpunkt vertritt, dann wird es auch schwerfallen, sein Gegenüber zu überzeugen.

So ist die Basis einer jeden Argumentation die eigene Meinung (Position, Behauptung, These). Diese allein wird den Gesprächspartner aber noch nicht überzeugen, im besten Falle neugierig machen oder eventuell seinen Widerstand fördern. Die These oder Behauptung ist ein Satz oder ein Gedanke, dessen Wahrheitsinhalt eines Beweises bedarf.

„Behaupten ist das Vorbringen einer Aussage, die eine Orientierungsgrenze überschreitet, also eine neue Orientierung sein soll. Es wird nicht nur irgendetwas gesagt, sondern etwas Neues, etwas, das im Hinblick auf eine Unklarheit, eine Wissenslücke, ein Orientierungsdefizit weiterführen könnte, eine Klärung oder eine Lösung bringen soll" (Wohlrapp 2009, S. 192).

4.2.1 Die These

Eine These sollte

- positiv,
- kurz,
- prägnant,
- lösungs-/nutzenorientiert und
- wahrscheinlich sein.

Thesen sollten in jedem Fall eindeutig und verständlich formuliert sein. Formulierungen wie z.B. „ein wenig", „ein bisschen", „glauben" etc. oder Konjunktive wie „hätte", „könnte" etc. sind dabei hinderlich, denn sie verwässern Aussagen und lassen mich unglaubwürdig erscheinen. Das Ziel sollte sein, dem Empfänger eine möglichst klare Vorstellung vom Standpunkt des Senders zu vermitteln.

Thesen können gewagt, visionär oder auch provozierend sein. Sie sollten auch sicherstellen, dass Ihr Gegenüber bereits mit der These in Richtung gemeinsame Lösung des Problems gelenkt und nicht zu viel Widerstand erzeugt wird. Wenn die These zu provokativ formuliert ist, sollten Sie darauf gefasst sein, mit dem Widerstand umgehen zu können, der dann entstehen kann (siehe Kapitel 2 und 6).

Thesenbeispiel

Negativ formuliert:
„Ich behaupte, dass Kohle- und Kernkraftenergie keine Zukunft mehr in Deutschland haben."
Positiv formuliert – bessere Alternative:
„Ich behaupte, dass der Energiebedarf in Deutschland ausschließlich über regenerative Energien gedeckt werden kann."

Probieren Sie einmal, in einem kurzen Satz präzise Ihre Meinung zu einem Ihnen wichtigen Thema auf den Punkt zu bringen. Überprüfen Sie dabei, ob Ihre These positiv und auch wahrscheinlich formuliert ist.

Wenn Sie nun Ihre These präzise formuliert haben, folgt der zweite Schritt des Argumentationsaufbaus. Die Argumente zu finden und zu formulieren, die Ihre These erst überzeugend erscheinen lassen.

4.2.2 Das Argument

Die These alleine bleibt zuerst theoretisch. Damit sie wirksam und somit glaubwürdig werden kann und um andere Menschen für die eigene Ansicht zu gewinnen, braucht die These Stützen, sogenannte Argumente. Argumente sollten

- beweisbar, überprüfbar sein,
- kurz und präzise formuliert sein,
- mit Beispielen unterlegt sein,
- logisch sein,
- problemspezifische Relevanz zeigen,
- zielgruppenspezifisch ausgewählt sein sowie

- auf eigenen Erfahrungen beruhen (Erfahrungen alleine reichen jedoch nicht aus, sondern wollen mit Fakten belegt sein).

Bei einer komplexen oder auch schwierigen These wird vermutlich ein Argument nicht ausreichen. Wenn dem so ist, braucht es einen nachvollziehbaren Aufbau der Argumentation, eine sogenannte Argumentationskette (siehe Kapitel 4.3 und 4.4).

Ein Argument (lateinisch „argumentum“: Veranschaulichung, Darstellung; Beweismittel) ist eine Aussage, die zur Begründung einer anderen Aussage gebraucht wird. Argumente werden in der Regel mit Konjunktionen (Bindewort, Adverbien) wie z. B. „weil“ eingeleitet, die die These inhaltlich mit dem Argument verbinden.

These mit Argument

Ich behaupte, dass der Energiebedarf in Deutschland ausschließlich über regenerative Energien gedeckt werden kann, weil die Technologien im Bereich Fotovoltaik, Wind off- und onshore, Wasserkraft, Geothermie, Biomasse und Windgas bereits vorhanden und in stetiger Weiterentwicklung sind. Dies können Sie in der von Greenpeace Energy in Auftrag gegebenen Studie (August 2015) von der Forschungsstelle für Energienetze und Speicher der OTH Regensburg und Energy Brainpool, Berlin nachlesen.

Argumentieren ist nur möglich, wenn nicht alles fraglich oder umstritten ist. Als Voraussetzung verlangt die Argumentation nach etwas Sicherem oder Festem (Wohlrapp 2009,

S. 47). Daher sollten die Argumente auf Hieb- und Stichfestigkeit überprüft sein.

Wenn Argumente nicht sicher sind …

… kann auch argumentiert werden mit einer Strategie, die heißt: „Unter der Annahme, dass …"
Das bedeutet, wenn ich nicht sicher bin, dass meine Argumente wirklich umsetzbar oder stabil sind, formuliere ich das genauso in meiner Argumentation und mache die Unsicherheit damit transparent.
Achtung: Diese Strategie kann gerade bei negativen Szenarien angstschürend und manipulativ wirken. Deshalb empfehlen wir: Nutzen Sie diese Form nur, um Chancen zu ermöglichen und ein Thema kreativ zu bereichern.

Gerade bei waghalsigen Thesen besteht die Gefahr, dass der Gesprächspartner sofort in die Kontrahaltung geht und gegenargumentiert. Aus diesem Grund sollte die These nicht nur mit einem einzelnen Argument gestützt werden, sondern mit dem logischen Aufbau mehrerer Argumente oder einer gesamten Argumentationskette. Alternativ dazu kann auch eine Strategie angewendet werden, die sich „Vorwegnahme von Argumenten" nennt (mehr dazu in Kapitel 4.6.2).

4.3 Logischer Aufbau von Argumentation

Um unsere Argumentation logisch aufzubauen, stehen mannigfache Strukturen zur Verfügung. Eine Möglichkeit besteht in der Nutzung der Standpunktformel. Diese stellt ein Grundgerüst dar, welches bei Bedarf auch in gekürzter Version verwendet, variiert oder durch weitere Beispiele ergänzt werden kann. Diese Struktur geht in ihrem Ursprung bereits auf die Antike und die Diskussionskultur nach Platon und Aristoteles zurück.

Einfache Struktur der Standpunktformel:

- Darstellung der Position, Meinung,
- Begründung der Position,
- Beispiel aus der Praxis,
- Schlussfolgerung,
- Appell.

Aufbau einer Standpunktformel

1. These:
„Ich behaupte, dass der Energiebedarf in Deutschland ausschließlich über regenerative Energien gedeckt werden kann."

2. Begründung:
„Weil die Technologien nach einer von Greenpeace Energy in Auftrag gegebenen Studie (August 2015) von der Forschungsstelle für Energienetze und Speicher der OTH Regensburg und Energy Brainpool, Berlin im Bereich Fotovoltaik, Wind off- und onshore, Wasserkraft, Geothermie, Biomasse und Windgas bereits vorhanden und in stetiger Weiterentwicklung sind – inklusive Lösungen für die Überbrückungsspeicher."

3. Beispiel:
„Die Gemeinde Wilpoldsried im schwäbischen Landkreis Oberallgäu deckte bereits 2016 ihren Energiebedarf per saldo zu mehr als 100 % regenerativ. Allein an Strom wurden 43.300 MWh regenerativ erzeugt. Der Verbrauch im Gemeindegebiet lag bei 6.294 MWh."

4. Schlussfolgerung:
„Die Verfehlung der deutschen Klimaschutzziele 2020 zeigt, dass Technologien alleine für die notwendige Veränderung nicht ausreichen werden; es erfordert den organisierten Willen in der Wirtschaft, Gesellschaft und Politik."
5. Appell:
„Daher appelliere ich an Sie, sich in Ihrem kommunalen Umfeld für ein ehrgeiziges Energiekonzept einzusetzen."

Wenn Sie Kapitel 4.1 bis Kapitel 4.3 inhaltlich zusammenfassen, geht es um folgende vier Schritte (Prinzipien) in einer Diskussion:

- Verstehen (durch aktives Zuhören Probleme verstehen),
- Informieren (über die These),
- Überzeugen (durch die Argumente) und
- Lenken (durch den Appell in der Standpunktformel).

Nun nutzen Sie Ihre These aus Kapitel 4.2.1 und bauen eine Standpunktformel auf, indem Sie ein überprüfbares Argument finden, mit einem schlüssigen Beispiel aus der Praxis belegen, daraus eine Schlussfolgerung ziehen und mit einem konkreten Appell abschließen. Je nach Zielgruppe können Sie Ihre Argumentation deduktiv oder induktiv aufbauen.

Der Aufbau einer These mit den dazugehörigen Argumenten kann zwei unterschiedlichen Vorgehensweisen unterliegen. Sie können deduktiv vorgehen, das bedeutet, mit der These (mit dem Allgemeinen) beginnen und die Argumente anschließen. Oder Sie drehen den Aufbau um und nennen erst die Argumente und schließen mit der These ab (Bild 2).

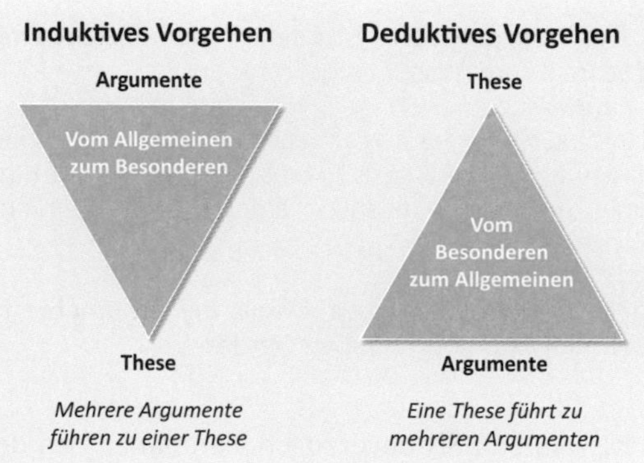

Bild 2: *Deduktive versus induktive Argumentation*

Deduktives Vorgehen

Beispiel (Chef und Mitarbeiter):
Die Zeitskala und die Meilensteine eines Projekts müssen gemeinsam festgelegt werden.

- Damit fühlen sich die Mitarbeiter einbezogen und motiviert.
- Davon wiederum profitiert das Projektergebnis durch
  - effektiveres Arbeiten,
  - Kosteneinsparungen/Effizienz,
  - schnelleres Projektende.
- Im Endeffekt wird dadurch ein besseres Ergebnis für den Kunden/für den Projektausgang erzielt.

Induktives Vorgehen

Beispiel (Chef und Mitarbeiter):

- Die Mitarbeiter sind in das Projekt miteinbezogen und motiviert.

- Das Ziel/Projektergebnis ist effektiv und effizient erreicht und schnell zum Abschluss gekommen.
- Der Kunde ist zufrieden.
- Das Projekt ist erfolgreich abgeschlossen.

Um das zu erreichen, ist es von wesentlicher Bedeutung, die Zeitskala und die Meilensteine eines Projekts gemeinsam festzulegen.

Im nächsten Schritt müssten jeweils die Argumente noch präziser mit Fakten beschrieben werden.

Welchen Aufbau Sie bevorzugen, kann auch von den Gesprächspartnern abhängen. Diskutieren Sie eher mit Führungskräften oder mit Personen, die nicht so tief im Thema stecken, ist es sinnvoll, deduktiv vorzugehen, damit die Gesprächspartner sofort wissen, um was es geht. Der Nachteil dabei kann sein, dass es wirkt, als „fielen Sie mit der Tür ins Haus".

Induktives Vorgehen ist ratsam, wenn Sie mit Experten, Mitarbeitern, Kollegen etc. diskutieren, die wie Sie tief im Thema stecken und an den Details interessiert sind.

Zentrale Frage: Wer sind meine Gesprächspartner?

Wichtig ist demzufolge, in der Vorbereitung der Argumente die Zielgruppe bzw. die Diskussionspartner und deren Vorliebe zu überdenken!

Probieren Sie anhand einer Argumentation einmal beide Vorgehensweisen aus und lassen Sie die Argumentation auf sich wirken. Versetzen Sie sich im Weiteren in Ihre Zielgruppe hinein und überlegen Sie, welche Vorgehensweise Ihre Gesprächspartner wohl mehr überzeugt. Im Falle dass Ihre These sehr gewagt oder auch komplex formuliert ist, empfehlen wir Ihnen den Aufbau einer Argumentationskette.

4.4 Ausgewählte Argumentationspläne

4.4.1 Argumentationskette(n)

Wenn ein Sachverhalt komplex ist oder man mehr Überzeugungskraft für den Gesprächspartner benötigt, kann eine Argumentationskette aufgebaut werden, um die These zu untermauern. Jedes Argument bildet eine Säule, die die These trägt. Diese logisch miteinander verknüpften Argumente nennen wir Argumentationskette(n). Die Argumente werden hintereinander mit der These mit sogenannten Anschlusswörten verknüpft. Diese satzverbindenden Adverbien haben wie die nebenordnenden Konjunktionen die Aufgabe, eine Beziehung zwischen zwei Hauptsätzen herzustellen. Gleichzeitig leiten sie den zweiten Hauptsatz ein (Bensch 2016). Diese Beziehung kann temporal, lokal, kausal etc. sein:

- Kausale Adverbien geben einen Grund an; die entsprechenden Fragewörter lauten: warum, weshalb, weswegen, wieso, aus welchem Grund.
  Die dazugehörigen Adverbien lauten: darum, deshalb, deswegen.
- Konzessive Adverbien geben eine Einschränkung oder einen Gegengrund einer vorausgegangenen Aussage an. Die dazugehörigen Adverbien lauten: trotzdem, dennoch, allerdings.

- Das finale Adverb gibt einen Zweck oder eine Absicht an. Das entsprechende Fragewort lautet: wozu.
  Das dazugehörige Adverb lautet: dafür.
- Das konditionale Adverb gibt eine Bedingung an, die erfüllt sein muss, damit eine Aussage realisiert werden kann. Die dazugehörigen Adverbien lauten: wenn, dann, sonst, insofern.
- Konsekutive Adverbien geben die Folge einer Aussage an. Die dazugehörigen Adverbien lauten: folglich, infolgedessen, demnach, also, insofern.
- Das modale Adverb fragt nach der Art und Weise. Das entsprechende Fragewort lautet: wie.
  Das dazugehörige Adverb lautet: so. Erweiternde oder weiterführende modale Adverbien: außerdem, ferner, darüber hinaus, weiterhin, weiter, des Weiteren, überdies, obendrein.

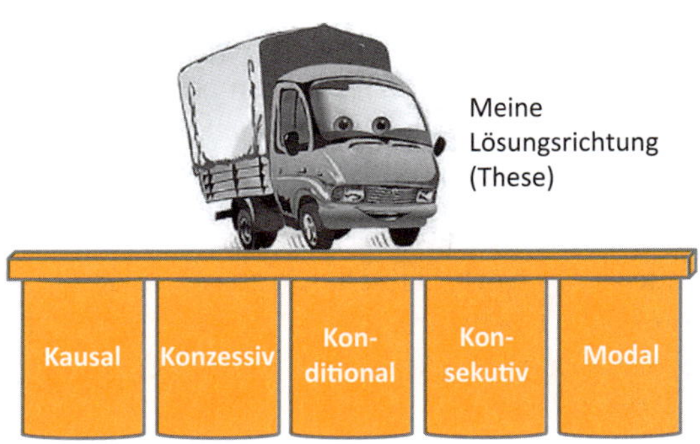

Bild 3: *Argumentationskette mit fünf verschiedenen Pfeilern*

Dabei kann jedes Argument unter jeder Stütze betrachtet werden. Wichtig dabei ist, zu berücksichtigen, dass die einzelnen Argumente logisch miteinander verknüpft sind und kein

Bruch in der Argumentation entsteht. Je nach Bedarf kann die Argumentationskette mit ein, zwei oder mehr Stützen aufgebaut sein (Bild 3).

Argumentationskette

„Ich behaupte, dass der Energiebedarf in Deutschland ausschließlich über regenerative Energien gedeckt werden kann.
Darum können wir mutig und positiv in die notwendige Diskussion gehen, sowohl mit den Pessimisten als auch mit Vertretern der Wirtschaft und denen, die ein Eigeninteresse haben.
Weil die Technologien nach einer von Greenpeace Energy in Auftrag gegebenen Studie (August 2015) von der Forschungsstelle für Energienetze und Speicher der OTH Regensburg und Energy Brainpool, Berlin im Bereich Fotovoltaik, Wind off- und onshore, Wasserkraft, Geothermie, Biomasse und Windgas bereits vorhanden und in stetiger Weiterentwicklung sind.
Wenn wir die vorhandene Infrastruktur des Gasnetzes als zentrales Element für den Transport und vor allem für die Speicherung von Energie nutzen.
Infolgedessen kann das Hauptproblem einer nationalen Energiewende, die ‚Dunkelflaute', gelöst werden.
Dunkelflaute bezeichnet in der Energiewirtschaft den Zustand, dass Windenergie- und Fotovoltaikanlagen in einer Region wegen Flaute oder Schwachwind und zugleich auftretender Dunkelheit (vor allem in den Wintermonaten) insgesamt keine oder nur geringe Mengen elektrischer Energie produzieren.
Trotzdem muss zur Erreichung des von 194 Mitgliedsstaaten ratifizierten Zwei-Grad-Ziels der UN-Klimakonferenz im Dezember 2015 auch Deutschland noch in der internationalen Politik und Wirtschaft für Veränderungen werben.

Darüber hinaus werden mit regenerativer Energieversorgung Fragen der Gerechtigkeit beantwortbar und internationale Konflikte verringert, wie Hermann Scheer in seinem Buch ‚Solare Weltwirtschaft – Strategie für die ökologische Moderne' bereits 2002 (aktualisierte Sonderausgabe) schrieb."

Eine Argumentationskette bedarf Ruhe, guter Fachkenntnis und präziser Quellenangaben. Unserer Meinung nach wird es schwer sein, eine Argumentationskette spontan im Rahmen einer Diskussion aufzubauen, daher braucht es einige Vorbereitungszeit. Möglicherweise werden Sie auch während der Diskussion in Ihrer Argumentationskette unterbrochen, weil Fragen oder Einwände aufkommen, dann ist es wichtig, den Unterbrechenden zu paraphrasieren (Kapitel 2) und an geeigneter Stelle Ihre Argumentationskette wiederaufzunehmen.

Nun kann es im Verlauf der Diskussion vorkommen, dass die argumentierenden Gesprächspartner sich trotz logischer Argumente gegenseitig nicht überzeugen oder sich nicht einigen. In diesem Fall kann der Kompromiss oder auch ein Vergleich (durch eine dritte Person) von Nutzen sein, die wir im Folgenden beschreiben werden.

4.4.2 Der dialektische Aufbau (Kompromiss)

In der Diskussion kann es zu dem Augenblick kommen, wo beide Gesprächspartner merken: Wir können und wollen unseren Standpunkt aus fundierten Gründen nicht verlassen. Sie stellen dabei allerdings fest, dass beide in ihrer Position recht haben, und können dies auch anerkennen. In diesem Fall bietet sich an, einen Kompromiss zu finden.

Dabei kann folgendermaßen vorgegangen werden (vgl. Bild 4):

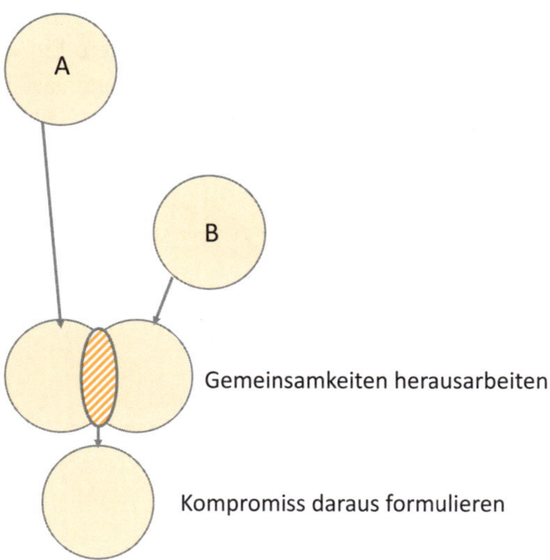

Bild 4: *Gemeinsamkeiten finden und Kompromiss formulieren*

- Person A nimmt Stellung und begründet diese.
- Person B hält ihre Behauptung und Argumente dagegen.
- Beide suchen in den Argumentationen mögliche Gemeinsamkeiten, beschreiben die Bedeutung und eine Folgerung für eine mögliche Lösung.
- Als letzten Schritt leiten sie eine Handlung ab und formulieren eine Lösung, die für beide Parteien passt.

4.4.3 Der Vergleich

Bei einem Vergleich kommt es darauf an, dass man die Argumentationen der Diskussionspartner sehr genau verstanden und logisch durchdrungen hat. Erst dann ist man wirklich in der Lage, einen Vergleich zu ziehen. Ein weiterer Beteiligter kann sich keiner der beiden Vorgehensweisen anschließen. Das Handeln sieht schließlich so aus (vgl. Bild 5):

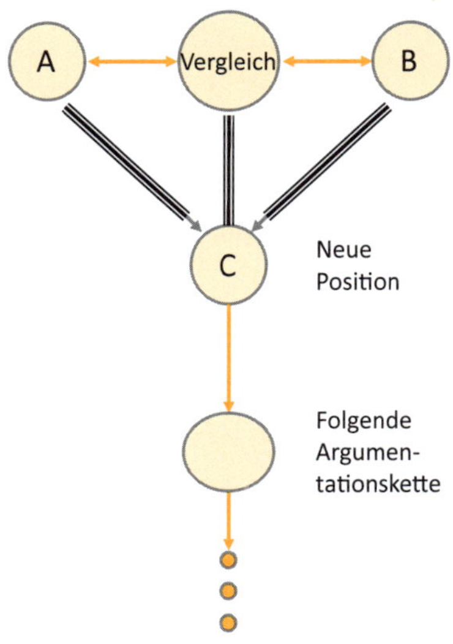

Bild 5: *Aus der Sicht eines Dritten einen Vergleich formulieren*

- Person A nimmt Stellung.
- Person B nennt ihre These und Begründung.
- Person C fasst in eigenen Worten die Argumentationen von Person A und B zusammen (siehe Kapitel 2.2.1) und vergleicht dabei die beiden Vorgehensweisen.

- Zum Abschluss nimmt Person C Stellung: „Ich kann mich keinem der beiden Vorgehensweisen anschließen und schlage daher Folgendes vor …“ Und baut eine neue Richtung an Argumentation auf.
- Beenden kann C seinen Vergleich noch mit der Frage: „Was meinen Sie dazu?“

4.5 Vier Prinzipien der Überzeugung

Eine Diskussion sollte wenn möglich ein Dialog mit ausgewogenen Anteilen der Diskussionspartner sein. Wenngleich es notwendig ist, die eigene Argumentation auch in einem längeren Monolog aufzubauen, wenn es ein komplexes Thema betrifft, wie z.B. bei einer Argumentationskette. Grundsätzlich ist es schwierig, den Verlauf einer Diskussion vorherzusagen. In der Praxis passiert die Überzeugungsarbeit oft in Phasen, das bedeutet, die These wird genannt, vielleicht unterbrochen von Zwischenfragen oder klärenden Fragen, es wird ein Begründungsversuch aufgebaut und in Widerlegungsversuchen des Gesprächspartners wieder abgebaut (siehe auch Wohlrapp 2009, S. 222 ff.).

Durch diesen Dialog, durch kreatives und unterstützendes Aufbauen der Argumentation und durch Anzweifeln oder Hinterfragen des Kontrahenten, werden im günstigsten Fall neue gültige Thesen gefunden, als gemeinsame Lösung anerkannt und als Orientierung für das weitere Vorgehen genutzt.

Wohlrapp beschreibt daraus vier unterschiedliche Prinzipien, wie der Dialog weiter behandelt werden kann. Er betont jedoch die Theorie in diesen vier Prinzipien und die Unvorhersehbarkeit eines Diskussionsverlaufs, daher empfehlen wir, flexibel mit unterschiedlichen Strategien zu reagieren:

- Das Behauptungsprinzip:
  Der Kontrahent nimmt die These an, lässt sie so stehen und übernimmt sie im besten Fall. Das bedeutet, er ist im eigentlichen Sinne kein Kontrahent, sondern der Gesprächspartner stellt sich auf die Seite des Argumentierenden. Das stellt wohl die einfachste Form dar, und es bedarf keiner wirklichen weiteren Diskussion mehr.
- Das Begründungsprinzip:
  Der Kontrahent bestreitet die These, die im Raum steht, und setzt eine weitere These dagegen, die mit der ersten unvereinbar scheint. Es sind nun zwei (oder gegebenenfalls auch mehrere) Thesen in der Diskussion, und es gilt zu entscheiden, welche geprüft werden soll. Einer These kann in verschiedenen Richtungen widersprochen werden, und durch die Gegenthese wird eine bestimmte Akzentuierung gesetzt, die für die anschließende Prüfung bereits eine Richtung vorgibt. Bei dem Begründungsprinzip wird der Kontrahent also aufgefordert, seine Gründe darzulegen, wie sich die Gründe aufeinander beziehen und wie damit schließlich die These erreicht werden kann.
- Das Kritikprinzip:
  Um Behauptungen und deren Begründungen zu sichern, werden diese kritisiert. „Kritik kann bezweifeln und/oder bestreiten" (nach Wohlrapp 2009, S. 224). Wenn man sie bezweifelt, dann braucht es gute und stichhaltige Argumente, der Zweifel will belegt oder begründet sein. Wenn man sie bestreitet, dann bietet die gesamte Argumentation Anregung für einen erkenntnisbezogenen Dialog oder man findet weitere Gründe dafür oder dagegen. Bei diesem Vorgehen braucht es einen Dialog mit Zeit und Zuhören, um zu verstehen.

- Das Kritikberücksichtigungsprinzip:
  In der Regel wird in Diskussionen auf die Gegenthese mit einer Gegenthese oder einem Einwand oder einer Kritik reagiert. Bei dem Kritikberücksichtigungsprinzip geht es im Wesentlichen darum, die Einwände des Kontrahenten zu berücksichtigen. Erst einmal in Ruhe über die Einwände nachzudenken, durch Nachfragen zu verstehen, sie nicht gleich zu verwerfen, sondern sie ernst zu nehmen und möglicherweise durch den Rückzug der eigenen Argumente anzunehmen. Dies kann im Falle eines kontrovers diskutierten Themas erstaunliche Wendungen im Gespräch bieten und das Zurückziehen der eigenen Argumente auch eine stärkende Bindung mit dem Gesprächspartner hervorlocken. Voraussetzung dafür ist, wirklich von den Gegenargumenten überzeugt zu sein.

Gespräche sind nicht vorhersehbar und es ist auch nicht sinnvoll, diese Strategien vorzuplanen. Einem natürlichen Verlauf eines Gespräches ist Vorzug zu geben. Das Charmante an dieser Theorie ist jedoch, das eigene Vorgehen zu überdenken und zu überprüfen, welchem dieser vier Prinzipien man möglicherweise in der Praxis häufig den Vorzug gibt, und sehr bewusst mal eine andere Vorgehensweise an den Tag zu legen (siehe dazu auch Kapitel 6), um für den Gesprächspartner unberechenbar zu bleiben. Denn wer immer mit dem Einwandsprinzip reagiert, braucht sich nicht zu wundern, wenn der Gesprächspartner eventuell die Strategie der Vorwegnahme von Argumenten nutzt.

Bevor wir im nächsten Kapitel noch auf zwei Strategien verweisen, die noch mal eine Wendung in die Diskussion bringen können, wollen wir Ihnen noch ein paar Grundregeln mitgeben, um zu überzeugen.

Voraussetzungen, um zu überzeugen

- Sich Zeit nehmen, um die Argumentation vorzubereiten und zu kommunizieren.
- Vertieftes Detailwissen über den Sachverhalt aneignen.
- Das Problem klar und verständlich beschreiben.
- Den richtigen Ort und Zeitpunkt wählen.
- Vertrauen aufbauen durch aktives Zuhören.
- Auf Gegenargumente vorbereitet sein.
- Klare Formulierung der Absicht und des Ziels.
- Vollständige Ausführung einer Argumentation mit These, Begründung, Beispiel etc.
- Konsequenzen deutlich und laut formulieren.
- Auch auf negative Konsequenzen hinweisen.
- Zusammenhänge transparent machen.
- Logisch schlussfolgern.

4.6 Diskussionsstrategien

Im Folgenden wollen wir Ihnen zwei Diskussionsstrategien an die Hand geben, die auch leicht einen manipulativen Charakter bekommen können, wenn sie mit der Grundhaltung „Der andere ist nicht okay“ genutzt werden. Unter der Voraussetzung, dass man selbst bewusst die Grundhaltung „Ich bin okay – du bist okay“ (siehe mehr dazu in Kapitel 6) einnimmt, können diese beiden Strategien aber auch einen humorvollen Anklang in Diskussionen bringen, den Diskussionspartner zum Umdenken anregen, ihn zu einem Perspektivwechsel bewegen oder auch innere begrenzende Glaubenssätze berühren. Wir sprechen von den Strategien der Umdeutung und der Vorwegnahme von Argumenten.

4.6.1 Umdeutung

Der Begriff der Umdeutung kommt ursprünglich aus dem englischen „reframing" und bezeichnet eine Technik, die auf Virginia Satir (amerikanische Familientherapeutin) zurückgeht. Reframing wurde auch von Milton H. Erickson (amerikanischer Psychologe) in seiner Hypnotherapie angewandt.

Durch die Umdeutung wird einer Situation oder einem Geschehen ein anderer Sinn zugeschrieben, oder man lässt die Situation in einem anderen „Licht" erscheinen. Auch könnte man sagen, man betrachtet die Situation aus einer anderen Perspektive. Ziel dabei ist, die gefestigten und eingefahrenen Wege zu verlassen und flexibel neue Denkweisen zu entwickeln. Beispiele hierfür können sein:

- Sich selbst nicht als Verlierer in der Diskussion sehen, sondern durch die Überzeugungskraft der anderen eine neue Weise, zu diskutieren, kennengelernt zu haben.
- Den Chef nicht als einmischend und kontrollierend erleben, sondern interessiert, um Rückendeckung bieten zu können.
- Eine bekannte Umdeutung aus dem Alltag lautet: „Scherben bringen Glück"; d. h., in dem Malheur des Zerbrochenen etwas Positives sehen.

Paul Watzlawick war ein „Meister" der Umdeutung und arbeitete viel mit seinen Patienten mit der Strategie der Umdeutung. In seinen Büchern spricht er von der „Sanften Kunst der Umdeutung" (Watzlawick 2001, S. 116). Er bringt herzerfrischende Beispiele (Watzlawick 2002, S. 90 ff.), z. B. von einem Räuber, der einen mit vorgehaltener Pistole bedroht. Man kann nun erschrecken und seine Brieftasche hergeben oder, wie Watzlawick humorvoll schreibt, antworten: „Jemanden wie Sie suche ich seit Langem …"

Ein anderes Beispiel handelt von Alexander dem Großen, der den Gordischen Knoten, mit dem Gordios, der König von Phrygien, das Joch an die Deichsel seines Streitwagens gebunden hatte, einfach durchschnitt, anstatt ihn zu lösen.

Eine Umdeutung (frei erzählt nach Mark Twain)

Tom Sawyer hat mal wieder seine Tante verärgert, und als Strafe muss er ihren Zaun streichen. Als er an einem heißen Nachmittag, an dem alle seine Freunde frei haben, beginnt, den Zaun zu streichen, kommt sein Freund Huckleberry Finn vorbei.
Huckleberry: „Hallo alter Knabe, Strafarbeit, ja?"
Tom: „Ach du bist's Ben, ich hab gar nicht aufgepasst!"
Huckleberry: „Hör du, ich geh schwimmen, willst du vielleicht mit? Aber gelt, du arbeitest lieber, natürlich, du bleibst viel lieber, gell?"
Tom maß ihn erstaunt von oben bis unten.
Tom: „Was heißt hier arbeiten? Wer kann schon alle Tage Zaun streichen?"
„Natürlich ist das Arbeit. Was denn sonst?"
„Na ja", meint Tom, „vielleicht ist es ja Arbeit. Vielleicht auch nicht. Hauptsache, ich mach es gern. An den Fluss gehen kann ich jeden Tag. Aber wer kann schon alle Tage Zaun streichen?"
Etwa fünf Minuten lang schaut Huckleberry seinem Freund zu. Tom bewegt seinen Pinsel langsam und sorgfältig auf und ab. Ab und zu tritt er einen Schritt zurück und betrachtet sein Werk mit einem zufriedenen Lächeln. Huckleberry beginnt, sich zu interessieren.
„Tom, lass mich auch mal ein bisschen …", bittet er seinen Freund.

Es spricht sich schnell unter den Freunden rum, dass Tom zur Strafe den Zaun seiner Tante streichen muss. Nach und nach kommen sie alle vorbei, werden neugierig und wollen auch den Zaun streichen. Am Ende des Tages leuchtet der Zaun frisch gestrichen, und Tom besitzt drei Bälle, ein altes Taschenmesser und noch vieles mehr.

Watzlawick sagt: „Wir haben es nie mit der Wirklichkeit schlechthin zu tun, sondern immer nur mit *Bildern* der Wirklichkeit, also mit Deutungen" (Watzlawick 2002, S. 91).

So bedeutet die Umdeutung, wir deuten die Wirklichkeit anders, mit dem Ziel in Diskussionen, auf neue Lösungen, ganz andere Wege, kreative und innovative Gedanken zu kommen und aus den eigenen gewohnten Mustern und Vorgehensweisen herauszutreten.

Experimentieren Sie mit Umdeutungen

Probieren Sie in Situationen, die erst einmal keine Bedeutung oder keine Konsequenz für Ihren Arbeitsalltag haben, aus, mit Umdeutungen zu spielen. Zu formulieren, zu experimentieren und zu erleben, welche Wirkung es auf Ihr Gegenüber haben kann.

Wenn Sie Erfahrungen damit gesammelt haben und Lust haben, sich nun in ernsten Diskussionssituationen auszuprobieren, dann bereiten Sie ein Beispiel vor, das zum Thema passen und Ihrer Argumentation eine neue Denkrichtung liefern kann.

Wenn Sie Spaß daran gefunden haben, werden Sie merken, dass Sie im Laufe der Zeit erfinderischer und kreativer werden.

4.6.2 Vorwegnahme von Argumenten

Wenn ein Gesprächspartner bereits dafür bekannt ist, gerne oder häufig in den Widerstand zu gehen, dabei jedoch häufig dieselben Argumente nutzt, kann die Vorwegnahme von Argumenten eine sinnvolle Strategie sein. Weiterhin kann diese Strategie von Nutzen sein, falls die Gegenargumente naheliegen. Die Vorwegnahme von Argumenten meint, nach meiner These benenne ich die Gegenargumente, die die eigene These entkräften würden. Einleiten kann man diese z.B. mit den Worten:

- „Ich weiß, Sie werden sagen …"
- „Häufig hört man …"
- „Möglicherweise werden Sie denken …"
- „Oft kommen folgende Gegenargumente …"
- „Ich weiß von Ihnen, Sie mögen gerne …"

Ziel dieser Strategie ist, dem Gesprächspartner den „Wind aus den Segeln" zu nehmen und seine Argumente bereits zu nennen, sodass er möglicherweise erst einmal auf die Suche nach neuen und anderen Argumenten gehen muss.

Bei unserer These in Kapitel 4.2.1 könnte dies z.B. folgendermaßen klingen:

Vorwegnahme von Argumenten

„Ich behaupte, dass der Energiebedarf in Deutschland ausschließlich über regenerative Energien gedeckt werden kann.

Ich weiß, Sie denken, das sind Ökofantastereien, oder möglicherweise sind Sie davon überzeugt, dass wir weiterhin Atomenergie benötigen, um den gestiegenen Energiebedarf zu decken.
Folgende Argumente sprechen für mich jedoch dafür …"
(Hier schließen Sie dann Ihre wohlvorbereitete Standpunktformel oder Argumentationskette an.)

Bevor wir nun in Kapitel 5 zum Thema Diskussionsleitung kommen, wollen wir Sie ermuntern, in kleinen Schritten zu üben und eine aussagekräftige These zu formulieren, im Weiteren einzelne Argumente miteinander zu verknüpfen oder auch eine Standpunktformel aufzubauen. Denn wenn Sie in kleinen Schritten üben, werden Sie kleine Erfolgserlebnisse verzeichnen, die Sie langfristig mehr Spaß am Ausprobieren haben und damit überzeugender werden lässt.

5 Leitung? – Aber klar!

So wie die einzelne Argumentation ihre Struktur benötigt, braucht auch eine zielgerichtete Diskussion einen strukturierten Ablauf. Hierbei soll die Person des Leiters unterstützen. Eine Gruppe ab sechs Personen braucht eine Diskussionsleitung, damit die Chance erhöht wird, das Diskussionsziel zu erreichen. Aus der Erfahrung wissen wir, dass die Rolle des Diskussionsleiters manchmal nur ungern eingenommen wird. Die Gründe hierfür sind vielfältig. Dem einen fehlt die Erfahrung, andere wissen nicht, wie sie eine Diskussion als Leiter strukturieren sollen, wiederum andere wissen nicht, wie sie sich in ihrer Leitungsrolle verhalten sollen. Und schließlich erachten auch einige die Rolle des Diskussionsleiters als überflüssig, da sie der Meinung sind, die Gruppe schafft es, auch ohne Leitung zum Ziel zu kommen. Im folgenden Kapitel wird die Person des Diskussionsleiters in den Fokus gestellt.

5.1 Nutzen von Leitung

„Ach, das Thema können wir auch schnell mal so diskutieren, dazu brauchen wir keine Leitung." Diese oder ähnliche Aussagen kann man häufiger in Diskussionsgruppen und in Trainings hören. Viele denken, die Leitung einer Diskussion ist nicht notwendig. Es ist anzuerkennen, wenn die Gruppe meint, das gemeinsame Diskussionsziel auch ohne Leitung zu erreichen. Das verlangt jedoch eine hohe methodische, soziale und kommunikative Kompetenz der Diskussionsteilnehmer. Diese wollen wir auf keinen Fall im Vorhinein den Diskutierenden absprechen. Jedoch können wir Folgendes in Diskussionen ohne Leitung erleben:

- Ein eindeutiges Diskussionsziel wird nur selten formuliert und gemeinsam in der Gruppe vereinbart.
- Eine klare Struktur ist nicht vorhanden oder nur schwer erkennbar.
- Häufiger verliert die Gruppe das Ziel aus den Augen.
- Es wird am Thema vorbeidiskutiert.
- Zwischenergebnisse werden nicht festgehalten.
- Gemeinsamkeiten in der Argumentation werden nicht erkannt.
- Vielredner halten zudem lange Monologe.
- Andere Diskussionsteilnehmer kommen nicht zu Wort.
- Einige sind unzufrieden mit dem Verlauf der Diskussion und steigen aus.

Die Aufgabe des Diskussionsleiters ist solchen genannten Beobachtungen entgegenzuwirken. Der wesentliche Nutzen für die Diskussionsgruppen ist, dass jemand die „Zügel in der Hand" hat und die Gruppe durch seine Leitungskompetenz unterstützt, das vorher vereinbarte Diskussionsziel zu erreichen.

Aufgaben des Diskussionsleiters

Ein Diskussionsleiter

- strukturiert,
- ordnet,
- legt die Vorgehensweise fest und behält die Zeit im Auge. Dadurch entlastet er die Diskussionsgruppen und den Einzelnen.

Der einzelne Diskussionsteilnehmer kann sich somit ganz auf die inhaltliche Diskussion konzentrieren.

Ist zu Beginn der Diskussion die Leitung anerkannt und hat der Leiter das Mandat zur Leitung bekommen, ist sie offiziell und wirkt transparent. Die Diskussionsteilnehmer wissen somit, wer „den Hut aufhat“ und wem sie als Leitung vertrauen können. Wenn es jedoch keine offizielle Leitung gibt, wirkt dann in Diskussionsgruppen oft eine verborgene, inoffizielle Leitung – die latente Leitung. Dies passiert besonders in heterogenen Gruppen.

In Gruppen, in denen introvertierte und extrovertierte Menschen zusammenkommen, in denen unterschiedliche Bedürfnisse vorherrschen, in denen Bedeutung und Wichtigkeit des Themas unterschiedlich bewertet werden oder auch in denen gegenseitige Animositäten vorherrschen, übernimmt dann jemand aus der Gruppe die ein oder andere Leitungsaufgabe, indem er z. B. das Wort erteilt, Strukturen vorgibt oder Methoden verändert.

Auf der einen Seite kann die Diskussionsgruppe dies als unterstützend erleben, wenn es der gemeinsamen Zielerreichung dienlich ist. Auf der anderen Seite kann es jedoch als sehr störend erlebt werden, besonders dann, wenn der Eindruck entsteht, durch dieses Verhalten will jemand seine Interessen durchdrücken.

Latente Leitung ist meistens irritierend für den Rest der Diskussionsgruppe. Des Weiteren kann es verdeckt zu Konkurrenzkämpfen innerhalb der Gruppe um die Leitung kommen. Es raubt der Gruppe Energie, das eigentliche Thema wird aus den Augen verloren. Bis dahin, dass der ein oder andere aus der Diskussion aussteigt und das Ziel nicht erreicht wird.

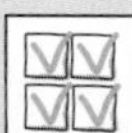

Machen Sie latente Leitung transparent

Wenn Sie den Eindruck haben, dass jemand während der Diskussion inoffiziell die Leitung übernehmen will, sprechen Sie ihn darauf an, indem Sie Ihre Beobachtung schildern und Ihre dazugehörige Vermutung äußern.
Beispiel:
„Du hast in den letzten Minuten hier in der Runde das Wort erteilt und unsere Vorgehensweise festgelegt. Ich habe den Eindruck, du möchtest hier die Leitung übernehmen. Ist das so?"
Ihre Intervention kann in der Diskussionsgruppe auch einen Prozess auslösen, in dem es darum geht, eine offizielle Leitung zu installieren. Das kann für den gesamten Diskussionsprozess förderlich sein.
Ein weiterer Nutzen ist somit:

- Eine vorher bestimmte, offizielle Leitung entzieht einer möglichen latenten Leitung den Nährboden.
- Irritationen, ausgelöst durch eine latente Leitung, werden vermieden.
- Reibungsverlust aufgrund eines versteckten Konkurrenzkampfes um die (latente) Leitung kommt nicht zum Tragen.

5.2 Die Rolle und die Aufgaben des Diskussionsleiters

Die Rolle des Diskussionsleiters ist komplex, und seine Aufgaben sind vielfältig. Erst wenn der Leiter ein klares und eindeutiges Verständnis über seine Rolle hat, kann er seine Aufgaben als Leiter einer Diskussion wirkungsvoll und angemessen wahrnehmen.

5.2.1 Die Unterschiede zwischen Leitung und Moderation

Wir können häufig hören, dass die Begriffe Leitung und Moderation synonym verwandt werden. Und manchmal erscheint es auch nicht so klar, wo denn jetzt genau die Unterschiede zwischen Leitung und Moderation liegen. Wir wollen hier kurz auf die entscheidenden Unterschiede eingehen. Es ist wichtig, eindeutig zwischen Leitung und Moderation zu differenzieren, um situationsangemessen zu handeln.

Bei der Leitung und der Moderation handelt es sich um zwei grundsätzlich verschiedene Vorgehensweisen. Der Moderator ist inhaltlich und personenbezogen neutral. So braucht er auch kein spezielles Wissen über das Thema, zu dem die Moderation erfolgt. Der Leiter dagegen kann inhaltlich involviert sein. Der Moderator begleitet die Gruppe auf ihrem Weg zum vereinbarten Ziel und trifft dabei keine Entscheidungen. Souverän der Moderation ist die Gruppe. Der Leiter leitet die Gruppe hin zum gemeinsamen Diskussionsziel und trifft auch immer wieder Entscheidungen. So unterscheiden sich auch ihre Interventionen.

Interventionsmöglichkeiten von Moderator und Diskussionsleiter

Angenommen, die Gruppe verlässt das eigentliche Thema und einige diskutieren an einem Nebenthema.
Moderator: „Sie hatten sich als Thema AB gesetzt und reden jetzt über XY. Wie wollen Sie weiter damit umgehen?“
Leiter: „Sie reden gerade über XY, das führt uns nicht zum Ziel, und von daher will ich jetzt wieder auf das eigentliche Thema zurückkommen.“

Auch wenn sich in einer Diskussion nur drei von acht Teilnehmern zu einem zentralen Themenaspekt zu Wort melden, werden Moderator und Diskussionsleiter unterschiedlich reagieren.
Moderator: „Es haben sich drei geäußert, was wollen die anderen dazu noch sagen?"
Leiter: „Es haben sich erst drei von Ihnen dazu geäußert. Das ist mir noch zu wenig für eine Entscheidungsfindung. Ich möchte auch noch die Ideen der anderen hören."

Der Moderator hält der Gruppe den Spiegel vor und „zwingt" die Gruppe zu einer Entscheidung. Der Leiter entscheidet. Da wo der Leiter bewertet, hat der Moderator eine beschreibende Haltung.

Sie sollten sich im Vorfeld entscheiden, welche Rolle Sie einnehmen wollen und was diese Rolle für das Thema und die Gruppe leisten soll. Besetzen Sie Ihre Rolle eindeutig, um Irritationen in der Gruppe zu vermeiden.

5.2.2 Die Rolle des Diskussionsleiters

Der Diskussionsleiter ist der „Steuermann" der Diskussion. Dabei liegt sein Hauptaugenmerk darauf, die Gruppe so zu leiten, dass das vorher vereinbarte Diskussionsziel (im Konsens) erreicht wird. Dazu bestimmt er die Vorgehensweise und die zeitliche Struktur.

Bestimmen Sie die Vorgehensweise

Diskutieren Sie die Vorgehensweise oder zeitliche Struktur der Diskussion nicht mit Ihren Diskussionsteilnehmern. Das verunsichert nur die anderen und führt manchmal zu nervigen Verfahrensdiskussionen in der Gruppe, bevor es überhaupt zum eigentlichen Diskussionsthema kommt. Die Gruppe vertraut darauf, dass Sie als Leitung wissen, welchen Weg die Gruppe gehen muss, um das Ziel zu erreichen. Also setzen Sie eindeutige Impulse.

Dem Diskussionsleiter obliegt die Steuerung und Strukturierung des Diskussionsverlaufs. Zudem ist er neben der Rolle des *Steuermanns* auch *Beteiligter* der Diskussion. Das heißt, er ist auch inhaltlich involviert und an der Diskussion beteiligt.

Somit hat die Leitung einige Macht, dadurch dass sie Strukturen setzt, Wege vorgibt und zudem auch inhaltlich am Diskussionsprozess beteiligt sein kann. Diese Macht kann auch missbraucht werden, indem Strukturen, Vorgaben etc. eingesetzt werden, um eigene Interessen durchzuboxen. So eine Vorgehensweise hat jedoch nichts mit einem wertschätzenden Umgang miteinander zu tun.

Obwohl die Leitung auch inhaltlich beteiligt sein kann, muss sie die Interessen aller Beteiligten im Blick haben und den Diskussionsverlauf so strukturieren und steuern, dass das gemeinsam vereinbarte Diskussionsziel (möglichst im Konsens) erreicht werden kann.

Verzichten Sie auf die Leitung, wenn Sie thematisch sehr betroffen sind

Wenn Ihnen das Thema der Diskussion sehr am Herzen liegt, wenn Sie dabei eine Position haben, für die Sie kämpfen wollen, sich engagieren wollen, dann übernehmen Sie nicht die Leitung der Diskussion. Denn es ist schon eine große Herausforderung, seine Position engagiert zu vertreten und gleichzeitig seine Leitungsrolle mit all ihren Anforderungen umfassend und zielgerichtet wahrzunehmen. Es sei denn, Sie lieben die Herausforderung.

5.2.3 Die Aufgaben des Diskussionsleiters

Die zentrale Aufgabe des Diskussionsleiters ist die zielgerichtete Steuerung und Strukturierung des Diskussionsverlaufs. Dabei achtet er darauf, dass Positionen und Meinungen aller Beteiligten geäußert und gehört werden. Die Aufgaben eines Diskussionsleiters sind anspruchsvoll, verlangen Fingerspitzengefühl und umfassen den gesamten Diskussionsverlauf.

Der Anfang einer Diskussion

Damit die Gruppe inhaltlich gut ins Thema einsteigen und zielgerichtet diskutieren kann, benötigt sie ein hohes Maß an Orientierung und Transparenz. Dies zu gewährleisten ist eine Aufgabe der Leitung zu Beginn der Diskussion. Erreicht wird dies durch folgende Schritte:

- Der (potenzielle) Leiter holt sich von der Gruppe das Mandat für die Leitung ein. Ohne eindeutiges Mandat der Gruppe kann er seine Leitungsrolle nicht ausführen. Häufig kommt es dann zu Widerständen gegen die Leitung

während der Diskussion. Diese werden jedoch häufiger latent geäußert, indem Verfahren oder Vorgehensweisen kritisiert werden.
Falls jedoch im Vorhinein schon feststeht, wer die Leitungsrolle innehat, da er z. B. der Einladende, der Initiator oder die verantwortliche Führungskraft ist, muss das Mandat nicht mehr gesondert eingeholt werden.

- Das Thema der Diskussion vorstellen und klären. (Dabei auch kurz den Hintergrund dieses Themas verdeutlichen.)
- Den Bezug der Beteiligten zum Thema herausstellen. Gehen Sie kurz darauf ein, welche Bedeutung das Thema für die Beteiligten hat, bzw. haben kann und weshalb die Beteiligten für diese Diskussion wichtig sind.
- Das Ziel der Diskussion vorstellen und vereinbaren. Das Ziel der Diskussion muss von allen Beteiligten verstanden sein. Deshalb empfehlen wir, dass sich der Leiter gerade hier etwas mehr Zeit nimmt, um das Verständnis zu klären und Eindeutigkeit zu schaffen (siehe auch Kapitel 4.1).
- Den Zeitrahmen für die Diskussion vorstellen.

Stellen Sie nicht zu früh Regeln auf

Warten Sie erst ab, wie die Gruppe sich während der Diskussion verhält, wie die Beteiligten im Kontakt sind, wie sie aufeinander reagieren, wie einzelne Beiträge verteilt sind. Erst dann schauen Sie, welche Verhaltensregeln die Beteiligten in ihrem Kontakt oder ihrer Zielerreichung unterstützen können. Die dann vorgeschlagenen Regeln (ein bis zwei) haben bei den Teilnehmern mehr Wirkung und Chance zur Umsetzung, da sie aus einem erlebten Prozess heraus entstanden sind. Wir empfehlen Regeln vorzuschlagen, die das

Erlernen kommunikativer Kompetenzen unterstützen, wie z. B.: „Ich knüpfe am Vorredner an, indem ich im Kern wiederhole, was ich verstanden habe, und bringe erst dann meine Meinung, Idee ins Spiel." Oder: „Ich formuliere meine Beiträge als Ich-Aussage anstatt der allgemeinen Man-Aussagen." Auf die häufig angebotenen „Benimmregeln" sollten Sie verzichten.

Während der Diskussion

Hier steuert der Diskussionsleiter den Verlauf der Diskussion und legt die Vorgehensweise fest. Folgende allgemeine Vorgehensweise hat sich bewährt:

- Darstellen der unterschiedlichen Positionen, Meinungen, Ideen von den Teilnehmern.
  Das Prinzip ist hierbei, dass erst mal grundsätzlich eine Komplexität hinsichtlich möglicher verschiedener Positionen hergestellt wird, bevor es dann später zu einer Entscheidung kommt. Häufig wird schon die erste Äußerung, Idee, Meinung diskutiert, bewertet und zerredet, ohne zu wissen, was noch an weiteren Positionen in der Gruppe vorhanden ist. Erst wenn alle unterschiedlichen Positionen transparent sind, ist der Rahmen abgesteckt, in dem zu diskutieren ist.
- Argumentation der verschiedenen Positionen.
- Unterschiede und Gemeinsamkeiten (resultierend aus der Diskussion) herausarbeiten und Vorschläge erarbeiten.
- Entscheidungsfindung.

Neben dem Festlegen der Vorgehensweise hat der Leiter eine steuernde Funktion:

- Er achtet auf die Zielverfolgung.
- Er hat eine Zeitverantwortung und gibt zeitliche Strukturen vor.
- Er achtet darauf, dass am Thema diskutiert wird.
- Er fasst Zwischenergebnisse und Ergebnisse zusammen.
- Er macht deutlich, wo die Unterschiede und auch Gemeinsamkeiten innerhalb der Diskussionsgruppe liegen.
- Er stellt eine Vielfalt her, indem er alle Beteiligten ins Boot holt.
- Er klärt mögliche Störungen, wenn sie die Diskussion behindern.
- Er visualisiert Zwischenergebnisse, Ergebnisse und zentrale Aussagen.

Lassen Sie sich von einem Assistenten beim Visualisieren unterstützen

Wenn Sie eine größere Gruppe leiten (ab acht Teilnehmer), bitten Sie jemanden aus der Gruppe, Sie bei den Visualisierungen zu unterstützen. Somit können Sie sich ganz auf Ihre eigentlichen Leitungsaufgaben konzentrieren.
Sie entscheiden, was Ihr „Assistent" visualisieren soll.

Der Leiter hat auch die Möglichkeit, sich inhaltlich in die Diskussion einzubringen. Jedoch liegt seine Hauptverantwortung in seiner eigentlichen Leitungsrolle. Von daher sollte sich der Leiter mit inhaltlichen Beiträgen, gerade am Anfang, eher etwas zurückhalten.

5.3 Verhalten des Diskussionsleiters

Der Leiter wirkt durch sein angemessenes Verhalten, mit dem er seine Leiterrolle ausfüllt. Die Teilnehmer der Diskussion haben in der Regel den Wunsch nach Transparenz, Struktur und dass sie dem Leiter vertrauen können. Zudem wollen sie wertgeschätzt und gehört werden. Hierauf sollte das Verhalten des Leiters ausgerichtet sein. Der Leiter sollte durch sein Verhalten eine Diskussionskultur in der Gruppe fördern und unterstützen, die auch Vielfalt, Unterschiedlichkeit und gegenseitige Akzeptanz zulässt.

Das bedeutet konkret:

- Klare und eindeutige Impulse setzen (dabei Konjunktive und Weichmacher vermeiden).
- Mit offenen Fragen die Teilnehmer aktivieren (Beispiele: „Welche Ideen habt ihr dazu?“ oder: Was ist euch noch wichtig?“ oder: „Wie seht ihr das?“).
- Auch mal schweigen, wenn die Diskussion lebendig und zielgerichtet verläuft. Nicht jeden Diskussionsbeitrag kommentieren, es führt sonst dazu, dass der Leiter zu sehr im Fokus der Aufmerksamkeit steht.
- Paraphrasieren (siehe hierzu auch Kapitel 2), z.B. beim Zusammenfassen von Zwischenergebnissen.
- Wenn nötig, Klarheit bei den einzelnen Diskussionsbeiträgen einfordern. Manchmal werden Vorschläge als vage und komplizierte Fragen verklausuliert. Beispiel:
  - Teilnehmer: „Wäre es vielleicht nicht auch eine gute Möglichkeit, wenn wir das eventuell mal irgendwie anders ausprobieren?“
  - Leiter: „Du stellst gerade eine Frage, welchen konkreten Vorschlag hast du an die anderen?“

- Zwischenergebnisse und Ergebnisse zusammenfassen und visualisieren (lassen). Wenn eine Einigung erzielt wurde, sollte diese auch vom Leiter deutlich hervorgehoben und abgesichert werden (Beispiel: „Ich sehe eine Einigung in dem Punkt XY. Wer sieht das noch nicht so?“ Falls kein Widerspruch erfolgt: „Dann halte ich den Punkt XY als gemeinsam vereinbart fest“).
- Schweigende Diskussionsteilnehmer ermutigen, sich zu äußern. Begründen Sie Ihre Intervention (Beispiel: „… mir ist wichtig, auch von denen zu hören, die sich hierzu bisher nicht geäußert haben, damit wir auch alle Positionen berücksichtigt haben“).
- Zeiten transparent machen. Beispiel: „Ich will uns noch fünf Minuten Zeit geben für die Klärung, bevor wir dann in den Entscheidungsprozess einsteigen.“ Die Zeitvorgabe gibt jedem einen indirekten Hinweis, wie intensiv oder ausführlich das Thema noch behandelt werden kann.
- Entscheiden. Der Leiter trifft klare und eindeutige Entscheidungen hinsichtlich seiner Vorgehensweise und der Zielverfolgung. Besonders da, wo er die Erreichung des gemeinsamen Ziels gefährdet sieht, sollte er klar intervenieren (Beispiel: „Ihr diskutiert gerade über XY, das führt uns vom Thema und unserem Ziel weg. Ich will wieder zurückkommen zu …“).

5.4 Diskussionsleitung bekommen und behalten

Grundsätzlich wollen wir hier drei Szenarien unterscheiden:

- Sie haben die Rolle der Diskussionsleitung schon im Vorfeld inne, da Sie der disziplinarische Vorgesetzte und Einladende sind. Und somit erwarten die Beteiligten der Diskussion, dass Sie die Leitung „selbstverständlich" übernehmen.
- Ihnen wurde die Rolle der Diskussionsleitung (vom disziplinarischen Vorgesetzten) aufgetragen oder angeboten.
- Es ist im Vorfeld keine Leitung bestimmt, und Sie entscheiden für sich, die Leitung der Diskussion zu übernehmen.

Egal über welches Szenario Sie zur Leitungsrolle gekommen sind, Sie benötigen die eindeutige Zustimmung der Gruppe, die Leitung zu übernehmen.

Sie bekommen die Leitung, indem Sie zu Beginn der Gruppe mitteilen,

- dass Sie beauftragt wurden, die Leitung der Diskussion zu übernehmen, oder
- dass Sie eine Leitung der Diskussionsrunde wünschen und gerne bereit sind, dies zu tun.

Stellen Sie danach kurz dar, was Sie als Leitung für die Gruppe und die Diskussion leisten wollen, damit die Teilnehmer den Nutzen daraus erkennen.

Bewerbung als Diskussionsleiter

„Ich biete an, die Diskussion zu leiten, d. h., ich werde die Diskussion steuern, sodass auch jeder gehört wird, und möchte auch den Verlauf unserer Diskussion strukturieren, sodass wir in dem uns zur Verfügung stehenden Zeitrahmen zu einem guten gemeinsamen Ergebnis kommen können."

Holen Sie sich danach das eindeutige Mandat zur Leitung von der gesamten Gruppe ab.

Nutzen Sie die „Ausschlussfrage"

Sie können sie beispielsweise folgendermaßen formulieren: „Für wen von euch/Ihnen ist es nicht in Ordnung, wenn ich für diese Diskussion die Leitung übernehme?" Darüber bekommen Sie ein eindeutigeres Bild von der Gruppe.
Häufig wird wie folgt gefragt: „Ist es okay, wenn ich die Leitung übernehme?" Diese geschlossene Frage führt zu keinem klaren Bild, denn in der Regel äußern sich nur einige im Sinne von „Ja, ist okay", und so meint man dann, das Mandat aller zu haben. Das ist jedoch häufig ein Trugschluss.

Wenn Sie das Mandat von allen haben, können Sie sich noch für das entgegengebrachte Vertrauen bedanken, und dann kann es losgehen. Falls jedoch jemand mit Ihnen als Leitung nicht einverstanden ist, sollten Sie nach dem Grund fragen. Vielleicht gibt es berechtigte Gründe, warum diese Person dagegen ist. Eine Leitung ohne Zustimmung aller ist nicht zielführend. Es sollte dann geklärt werden, ob jemand anders bereit ist, die Leitung zu übernehmen.

Während der Diskussion behalten Sie die Leitungsrolle und müssen keine Konkurrenz fürchten, wenn Sie Sicherheit ausstrahlen und das Vertrauen der Gruppe gewinnen.

Treten Sie als Leiter bestimmt auf

- Setzen Sie klare Impulse!
- Vermeiden Sie Konjunktive und Weichmacher!
- Geben Sie die Vorgehensweise vor und diskutieren Sie diese nicht!
- Leiten Sie im Stehen und achten Sie dabei auf eine offene und zugewandte Körperhaltung!
- Achten Sie auf die Zielverfolgung!
- Machen Sie Zeiten transparent!

5.5 Die Vorbereitung auf die Diskussionsleitung

Eine Diskussionsrunde zu leiten ist meistens eine Herausforderung, gerade dann, wenn das Thema anspruchsvoll ist und zudem die Gruppe als „schwierig" eingestuft wird. Doch man wächst ja bekanntlich an seinen Aufgaben. Nehmen Sie die Chance zur Leitung wahr, auch wenn Sie dabei vielleicht ein mulmiges Gefühl in der Magengegend begleitet. Mit folgenden Schritten können Sie sich zielgerichtet und umfassend auf Ihre Diskussionsleitung vorbereiten:

- Machen Sie sich Ihre Rolle und Ihre Aufgaben als Diskussionsleitung bewusst.
- Führen Sie eine kurze Teilnehmeranalyse durch:
  - Wer nimmt teil oder soll teilnehmen?
  - Was haben die Teilnehmer mit dem Thema zu tun?

  - Weshalb ist das Thema für die Beteiligten relevant?
  - Wie ist die Einstellung der Beteiligten zum Thema?
- Formulieren Sie das Thema der Diskussion.
- Legen Sie das Diskussionsziel fest.
- Planen Sie den Zeitrahmen für die Diskussion.
- Legen Sie die Vorgehensweise fest.
- Überlegen Sie, welche Medien Sie benötigen, und überprüfen Sie diese gegebenenfalls auf ihre Funktionalität. (Es ist sehr unangenehm, wenn man Flipchartstifte benötigt und erst während der Diskussion merkt, dass sie ausgetrocknet sind.)

Bereiten Sie die Visualisierung vor

Visualisieren Sie im Vorfeld das konkrete Thema der Diskussion und das eindeutige Diskussionsziel.

- Machen Sie sich rechtzeitig (falls organisatorisch möglich) mit dem Raum vertraut, in dem die Diskussion stattfinden wird:
  - Ist der Raum groß genug?
  - Wo werde ich meinen Platz als Leitung haben?
  - Welche Medien stehen mir im Raum zur Verfügung und welche müssen noch organisiert werden?

Nutzen Sie Flipchart oder Pinnwand zur Visualisierung

Haben Sie ruhig den Mut, die scheinbar unmodernen Medien wie Flipchart oder Pinnwand zu nutzen, auch im Zeitalter der Digitalisierung. Die Visualisierungen mit diesen Medien sind schnell zu erstellen, können für alle im Raum aufgehängt werden und sind somit für alle immer sichtbar. Notizen oder Ergänzungen können schnell hinzugefügt werden. Der technische Aufwand ist gering, und störende Lichtquellen und Lüftungsgeräusche durch Beamer entfallen. Haben Sie nicht den Anspruch, perfekt und in Schönschrift zu visualisieren. Es reicht aus, wenn es für alle gut lesbar ist. Der Zweck heiligt die Mittel.

- Wo und in welcher Anordnung werden die Teilnehmer der Diskussion sitzen?
- Sind die Lichtverhältnisse ausreichend?

- Legen Sie Ihre individuellen Trainingsziele fest. Nutzen Sie die Diskussionsleitung auch als ein persönliches Training für sich, indem Sie zwei bis drei konkrete Verhaltensziele für sich formulieren, die Sie in Ihrer Leitungsrolle unterstützen. Beispiele: „Ich formuliere in kurzen Sätzen", „Ich konfrontiere die anderen über offene Fragen."
- Formulieren Sie Ihren Einstieg in die Diskussionsrunde. Falls es Raum und Zeit ermöglichen, führen Sie einen „Trockendurchgang" durch.

6 Raus aus dem Sumpf – die Anti-Nilpferd-Strategie

„Wie kann ich Emotionen aus Diskussionen raushalten?“, „Wie kann ich mich mehr beherrschen?“ oder auch: „Wie kann ich sachlicher bleiben?“ – diese oder ähnliche Fragen hören wir häufig von unseren Teilnehmern in den Seminaren. Sie wollen lernen, die Gefühle aus den Diskussionen herauszuhalten und sachlich zu bleiben. Wenn wir genauer nachfragen, merken wir, es geht ihnen vor allem um „negative“ Gefühle wie Zorn, Wut, Ärger oder auch Frustration. Die Teilnehmer beschreiben, dass sie von ihren Emotionen „überrollt“ werden, verstummen ob ihres Ärgers oder äußern ihn auch laut und können manches Mal nicht mehr weiter diskutieren und schon gar nicht mehr überzeugen. Oft ist es ein wiederkehrendes Phänomen. Das bezeichnen wir hier in diesem Buch als „Sumpf“.

Der Sumpf der wiederkehrenden Muster und hinderlichen Verhaltensweisen, die uns in Diskussionen im Wege stehen. Nilpferde leben im Wasser und brauchen den Sumpf. Sie wühlen und suhlen sich darin, um ihre Haut beständig feucht und von Parasiten frei zu halten. Ein lebensnotwendiger Prozess für Nilpferde. Wir Menschen rutschen in so mancher Situation unbewusst in diesen „Sumpf“, und wir könnten sagen, es ist eine unbewusste „Strategie“, um zu überleben, um uns auf sicherem Terrain zu bewegen.

Wir haben Denk- und Verhaltensmuster im Laufe unseres Lebens entwickelt, um uns sicher zu fühlen. Das bedeutet, dass wir gerade in Stresssituationen meist dasselbe Verhalten an den Tag legen.

Manchmal merken wir, dass wir mit diesen eingefahrenen Denkmustern oft nicht das erreichen, was wir gerne wollen. So soll es in diesem Kapitel darum gehen, uns ähnlich wie in der wundersamen Geschichte von dem Baron von Münchhausen von Gottfried August Bürger „selber am Schopfe aus dem Sumpf zu ziehen“. Im übertragenen Sinne bedeutet das für uns, zu lernen, die eigenen Denk- und Verhaltensmuster kennenzulernen, sie zu reflektieren und gegebenenfalls zu ändern. Was uns daran hindern kann? Oft sind es unsere Gefühle, Bedürfnisse und auch unsere Grundeinstellungen zu uns selbst und zu anderen. So wollen wir zu Beginn dieses Kapitels ein paar einführende Worte zu Gefühlen, Bedürfnissen und inneren Grundhaltungen geben, um dann in den beiden Unterkapiteln darüber zu schreiben, wie Sie damit umgehen können.

6.1 Gefühle, Bedürfnisse und Grundeinstellungen

6.1.1 Was uns lenkt und steuert

Unsere Gefühle erscheinen nicht einfach so, sondern sie sind eine unmittelbare Reaktion auf innere und äußere Reize. Fanita English, eine US-amerikanische Psychotherapeutin, spricht von fünf Grundkategorien von Gefühlen, die uns lenken und leiten. Die fünf Grundgefühle sind:

- Wut,
- Liebe,
- Trauer,
- Freude,
- Angst.

Sie beschreibt weitere Nuancen wie z. B. Zorn, Neid, Eifersucht bei Wut oder Sorgen, Bedauern etc. bei Trauer usw., die hier nicht weiter eine Rolle spielen sollen. Gefühle lassen sich nicht ausschalten und sind daher auch in Diskussionen zentral. Nach dem Eisbergmodell von Paul Watzlawick machen sie sogar den Großteil in unserer Kommunikation (6/7) aus, und damit sind sie ein wesentlicher Bestandteil für unsere Überzeugungskraft. Gefühle sollten nicht verurteilt oder weggedrückt werden, sondern bewusst wahrgenommen und ernstgenommen werden. Sie zu spüren ist daher ein erster wichtiger Schritt.

Konzentrieren Sie sich auf Ihren Atem

Fragen Sie sich dabei: „Wie geht es mir gerade hier und jetzt?“

Wenn wir nicht gewohnt oder geübt sind, unsere Gefühle zu spüren, bedarf es einiger Übung, und wir empfehlen Ihnen, immer wieder im Arbeitstag innezuhalten, sich auf Ihren Atem zu konzentrieren und zu spüren, welches Gefühl gerade präsent ist.

Es gibt fundierte Literatur zum Thema Emotionen und Gefühle, vor allem in der Achtsamkeits- und Meditationsliteratur finden Sie hilfreiche Möglichkeiten, Ihre eigenen Gefühle kennenzulernen und zu entdecken (Jack Kornfield 2008, S. 180 ff.).

6.1.2 Was uns motiviert

Unsere Gefühle korrespondieren mit unseren Bedürfnissen. Oder anders formuliert: Gefühle können sich dort zeigen, wo Bedürfnisse unerfüllt sind oder bleiben. Diese Bedürfnisse beeinflussen auch und gerade im Arbeitsalltag versteckt das Handeln von uns Menschen. Das Bewusstmachen der Bedürfnisse kann schon ein großer Schritt in Richtung Lösung von Handlungsunfähigkeit sein.

Im Wesentlichen lassen sich folgende grundlegende Bedürfnisse unterscheiden (Erskine 2008):

- *Sicherheit:*
  Bei diesem Bedürfnis steht im Vordergrund, sich physisch wie psychisch geschützt zu fühlen. Das Gefühl verletzbar und verletzlich zu sein und doch mit anderen verbunden sein zu dürfen. Das erfordert eine respektvolle nicht beschämende Form der Kommunikation. Dabei ist notwendig, als Gesprächspartner darauf zu achten, das Gegenüber vor übergriffigen Handlungen sowie vor physischen und psychischen Übergriffen, Gefahren und Verletzungen zu schützen.
- *Sich wertgeschätzt, bestätigt und bedeutsam zu fühlen:*
  Die Anerkennung der Gefühle, Fantasien und Gedanken des Gesprächspartners sind wichtig. Ihm zu zeigen, dass diese Gefühle und Gedanken auch in Ordnung sind. Hier benötigt es vor allem Wertschätzung durch seine volle Aufmerksamkeit und sein Interesse. Erskine ist davon überzeugt, dass diese Wertschätzung eine notwendige Voraussetzung bildet für eine dauerhafte kognitive Verhaltensänderung. Wir sind davon überzeugt, dass diese Form der Wertschätzung eine notwendige Voraussetzung ist für eine vertrauensvolle und ergebnisorientierte Diskussion.
- *Schutz erhalten und angenommen sein:*
  Bei diesem Bedürfnis sucht das Gegenüber Schutz bei einem stabilen, gefestigten und zuverlässigen Gesprächspartner. Im Falle einer Diskussion könnte das der Diskussionsleiter sein. Der Wunsch nach Informationen,

Ermutigung und Führung, der bis hin zur Idealisierung des Gegenübers gehen kann. Oder die Suche nach Schutz vor den eigenen Gefühlsausbrüchen; in diesem Fall ist es gut, wenn der Diskussionsleiter jegliches Gefühl des Diskussionsteilnehmers auch aushalten kann und ernst nimmt.

- *Bestätigung persönlicher Erfahrungen:*
  Die Suche nach Ähnlichkeit im anderen kommt hier zum Ausdruck. Der Wunsch, einen Menschen zu finden, der ähnlich denkt, fühlt und vielleicht sogar handelt wie man selber. Durch das Mitteilen und das Bestätigen, „Das kenne ich auch", kann die eigene Erfahrung bestätigt werden und das Gefühl beim Diskussionspartner aufkommen, man geht ein Stück gemeinsam des Weges. Kommt in einer Diskussion der Wunsch nach diesem Bedürfnis auf, kann der Diskussionsleiter oder aber auch einer der Diskussionspartner von eigenen Situationen berichten, in denen er ein ähnliches Problem gelöst hat, und so ein Gefühl von Gegenseitigkeit schaffen.
- *Selbstdefinition:*
  Der Mensch will in seiner Einzigartigkeit gesehen und darin vom Gegenüber angenommen werden. Dabei zeigt er sich mit seinen Vorlieben, Interessen und Ideen. Der Diskussionsleiter kann den Diskussionsteilnehmer z. B. darin unterstützen, seine eigene Identität zu zeigen, indem er ihm auch bei Meinungsverschiedenheiten Respekt und Aufmerksamkeit entgegenbringt.
- *Beim Gegenüber etwas bewirken:*
  Ein wesentliches Beziehungsbedürfnis liegt darin, bei dem Gegenüber etwas zu bewirken. Oder auch den anderen beeinflussen zu können, dabei eine Veränderung der Gefühle und eventuell auch des Verhaltens im anderen zu bewir-

ken. Deutlich zeigt sich das, wenn der Diskussionspartner oder -leiter sich von seinem Gesprächspartner emotional berühren lässt, Gefühle zulässt und auch zeigt. Sich z. B. zu freuen, wenn der Berichtende sich freut, oder auch mit ihm ärgerlich ist, wenn Ärger aufkommt.

- *Auch der andere möge die Initiative ergreifen:* Hier zeigt sich der Wunsch, dass auch der andere (z. B. der Diskussionsleiter oder -partner) Initiative ergreift. Wenn dieses Bedürfnis befriedigt wird, sagt Erskine, werden Beziehungen bedeutsamer und erfüllter. Denn das „auf den anderen Zugehen" vermittelt der Person Wertschätzung und das Gefühl, wichtig zu sein. Vermutlich kann auch ein passives Verhalten eines Diskussionspartners ein Hinweis sein auf das Bedürfnis nach Initiative des anderen. Insofern erfordert dieses Bedürfnis ein besonderes Gespür des Gegenübers für eine gute Balance von Initiative ergreifen und den Gesprächsteilnehmer initiativ werden lassen.
- *Liebe ausdrücken:* In Diskussionen geht es nicht darum, Liebe auszudrücken. Hier zeigt es sich eher sanft im Sinne von Dankbarkeit, Zuneigung oder auch für den anderen etwas tun wollen. Ohne Ausdruck von Liebe gibt es nach Erskine auch keinen Ausdruck des „Selbst-in Beziehung-Seins". Oft wird im Arbeitsalltag dieses Bedürfnis übersehen, abgewertet oder gar als völlig abwegig abgetan. Insofern ist es wichtig, dass man auch die Dankbarkeit und Zuneigung seines Gesprächspartners annehmen lernt.

In Diskussionen zeigen sich unsere Bedürfnisse meist nicht sofort und manches Mal auch nicht eindeutig. Erst an unseren Reaktionen auf andere oder an aufkeimenden Emotionen können wir leicht erkennen, da schwelt noch was. Wie wir nun damit umgehen können, werden wir in Kapitel 6.3 näher beleuchten.

Zunächst wollen wir noch einen Blick auf unsere menschlichen Grundhaltungen werfen.

6.1.3 Wie wir uns und andere sehen

Thomas A. Harris, ein US-amerikanischer Psychiater und Autor, beschrieb vier menschliche Grundhaltungen. Im Kontakt mit anderen nehmen wir je nach Situation, je nach Gesprächspartner und je nach Thema entweder die Haltung „Ich bin okay" oder die Haltung „Ich bin nicht okay" ein. Genauso können wir gegenüber den Diskussionspartnern die Haltung „Du bist okay" oder die Haltung „Du bist nicht okay" einnehmen. Daraus ergeben sich die in Bild 6 dargestellten vier Grundeinstellungen.

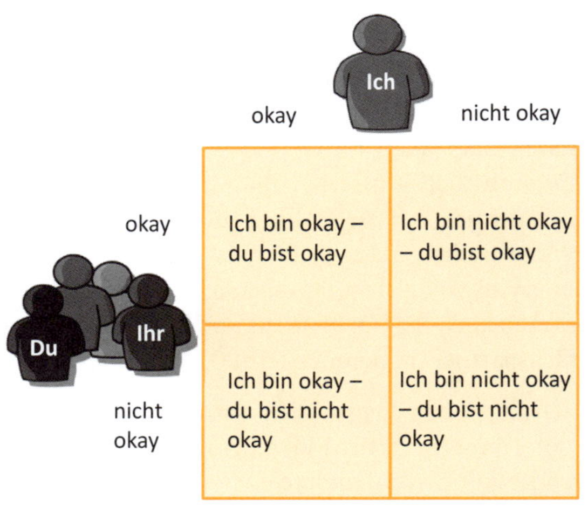

Bild 6: *Okay-okay-Quadrat nach Thomas A. Harris*

Nur die innere Grundhaltung „Ich bin okay – du bist okay“ wird dazu führen, dass wir uns und unsere Bedürfnisse ernst nehmen, genauso wie wir den Gesprächspartner in seinen Gefühlen und seinem Auftreten nicht verurteilen, sondern erst einmal so annehmen, wie er ist. Die Grundhaltungen zeigen sich in abwertenden Äußerungen wie z. B.:

- „Das haben wir schon immer so gemacht.“ Da klingt so etwas durch wie: „Ich bin okay, weil ich weiß, wie wir das bislang gemacht haben. Du bist nicht okay, weil du dich nicht an die Spielregeln bei uns in der Abteilung hältst.“
- „Das funktioniert eh nicht.“ Diese Aussage suggeriert: „Ich bin okay, ich weiß es besser als du. Du bist nicht okay, weil du dich nicht auskennst.“
- „Hast du dich wieder beruhigt?“ Hier wird transportiert: „Ich bin okay, weil ich Ruhe bewahre. Du bist nicht okay, weil du laut geworden bist.“
- „Ja klar, ich mache das so, wenn du das sagst.“ Das besagt: „Ich bin nicht okay, weil meine Idee nicht durchkommt. Du bist okay, du kannst sagen, wie es gemacht wird.“

Die Grundhaltungen können sich auch in körpersprachlichen Signalen (die Augen verdrehen, die Stirn runzeln, verächtlich wegdrehen etc.) oder bestimmten Stimmlagen (genervt, streng, leise, piepsig etc.) zeigen. Wir merken gerade in konträren Diskussionen, dass Menschen in Stresssituationen in die Grundhaltungen „Ich bin okay – du bist nicht okay“ oder auch „Ich bin nicht okay – du bist okay“ „rutschen“. Umso wichtiger ist, sich selbst immer wieder zu reflektieren: Aus welcher Grundhaltung agiere ich gerade? Und sich die Grundhaltung „Ich bin okay – du bist okay“ bewusst zu machen.

Klarheit schaffen

Um in Diskussionen zu überzeugen, bedarf es der Klarheit über die eigenen Gefühle und Bedürfnisse und der inneren Grundhaltung „Ich bin okay – du bist okay". Diese Klarheit ist auch notwendig, um aus den typischen eigenen Mustern herauszukommen und ins selbstverantwortliche Handeln zu kommen.

6.2 Selbstverantwortlich handeln

Diskussionen laufen in der Regel unvorhersehbar ab mit der Einschränkungen zu all dem, was der Diskussionsleiter vorbereitet hat (siehe dazu Kapitel 3 und 5). Als Diskussionsteilnehmer fallen mir manches Mal spontan Gedanken oder Ideen ein, im Weiteren auch Impulse genannt, die ich meist unüberlegt ausspreche. Dies kann z.B. eine Formulierung sein wie: „Wann machen wir denn heute Schluss?", „Hat jemand schon mal daran gedacht, unseren Kunden zu fragen?" oder auch: „Mir wäre es lieber, wenn wir uns das Thema XY noch mal genauer anschauen!" oder vieles mehr. Im Prinzip hoffen wir als Diskussionsteilnehmer unbewusst darauf, dass jemand aus der Runde unseren Impuls aufgreift und darauf eingeht. In der Regel sind die Beteiligten jedoch so mit sich und ihrer Argumentation beschäftigt, dass diese Art von nebeneingestreuten Impulsen gerne untergeht. Die Gefahr besteht, bei mehreren Teilnehmern, dass mehrere Impulse im Laufe der Diskussion eingebracht werden.

Unter selbstverantwortlichem Handeln verstehen wir, diese Impulse gemäß dem Thema, das gerade besprochen wird, zu geben und sich im Anschluss darum zu kümmern, dass der Impuls auch bearbeitet und abgeschlossen wird. Daraus ergeben sich vier sinnvolle Schritte:

- Impuls prüfen:
  Ich prüfe in Gedanken, ob der Impuls, den ich geben möchte, zum Thema passt. Wenn ja, weiter mit Schritt 2. Wenn nein, prüfen, wann ich den Impuls sinnvollerweise setze oder auch gesetzt hätte. Bei diesem Gedanken kann es auch passieren, dass ich merke, es macht zu diesem Zeitpunkt keinen Sinn mehr, den Impuls zu setzen, und ich bringe ihn gar nicht mehr oder, wenn er sehr wichtig ist, bei einer weiteren Besprechung zu Beginn ein.
- Impuls laut und konkret äußern.
- Impuls verfolgen:
  Ich leite meine eigenen Interessen, indem ich sie laut äußere und dafür argumentiere. Im Anschluss frage ich meine Gesprächspartner: „Was haltet Ihr davon?“
  In dieser Phase ist es notwendig, aktiv zuzuhören (siehe Kapitel 2) und zu paraphrasieren, um die Gedanken der anderen zu meinem eingebrachten Aspekt auch in ihrem Sinne zu verstehen.
- Impuls abschließen:
  Indem ich ein Fazit aus dem Besprochenen ziehe und die anderen Diskussionsteilnehmer darüber informiere, was mit dem eingebrachten Punkt passieren wird.

Selbstverantwortliches Handeln bedarf der eigenen Klarheit, was ich genau möchte, der Bewusstheit über meine Gefühle und dem Ernstnehmen von beidem. In der inneren Okay-okay-Haltung werde ich meinen Impuls selbstbewusst vorbringen, dafür Sorge tragen, dass andere sich dem Thema widmen, und ihn für alle zufriedenstellend abschließen.

Impuls geben, verfolgen und abschließen

„Wir sprechen ja gerade darüber, wie wir zukünftig mit unseren Produkten am asiatischen Markt unter den Marktbegleitern auf die Plätze eins bis drei kommen können. Mein Vorschlag ist, dass wir dazu eine Marktstudie in Auftrag geben. Was haltet ihr davon?
Mögliche Antworten:

- „Das dauert doch viel zu lange, bis dahin sind wir längst raus aus dem Markt."
- „Was meinst du mit Marktstudie?"
- „Dafür haben wir kein Budget."

Und so weiter und so fort.
Manchmal lässt man sich von diesen Antworten demotivieren oder auch ablenken, deshalb braucht es jetzt, den Impuls zu verfolgen:
„Ich höre, ihr sprecht verschiedene Aspekte an, die zu berücksichtigen sind. Mir ist wichtig, hier für unser Unternehmen eine fundierte Basis zu schaffen, deshalb schlage ich vor, dass ich mich erkundige, welches Institut so eine Marktstudie durchführen könnte, was so etwas kostet und wie lange so etwas dauert. Im Anschluss daran informiere ich euch in unserem nächsten Meeting nächste Woche darüber. Wäre das für euch in Ordnung?"
Mögliche Antworten:

- „Ja, wenn du meinst."
- „Ist okay, wenn du das unbedingt willst."
- „Ich finde, das ist unnötig."

Nun der dritte Schritt: Impuls abschließen.
„Mir ist wichtig, das Thema heute nicht zu lange auszuführen, und ich nehme mir mit, dass es für zwei von euch in Ordnung ist. Da einer von euch dagegen ist, werde ich das Thema nur noch mal auf den Tisch bringen, wenn es wirklich sinnvolle und wirkungsvolle Ergänzungen gibt zu unserem heutigen Meeting. Dann können wir aus meiner Sicht nun auch in der Agenda fortfahren."

Selbstverantwortlich handeln und sich selbst mit seinen Impulsen zu leiten, stärkt die innere Haltung Ich bin okay – du bist okay. Es bedarf einiger Übung und aus unserer Erfahrung auch Mut, Diskussionen zu leiten, gerade wenn die Diskussionskultur bislang im eigenen Arbeitsumfeld von Zurückhaltung geprägt war. Üben Sie sich darin in kleinen Schritten und entdecken Sie auch die positive Absicht im Gegenüber.

6.3 Positive Absicht entdecken

Sich selbst am eigenen Schopf aus dem Sumpf zu ziehen bedeutet, wie beschrieben, sich für sich selbst und seine Impulse verantwortlich zu fühlen, die eigenen Bedürfnisse und Gefühle ernst zu nehmen und nach ihnen zu handeln. Viele unserer Teilnehmer finden diese Hinweise wichtig und wertvoll. Allerdings stellen sie auch fest, dass in schwierigen Situationen die alten Verhaltensmuster wieder auftreten und die eigene Handlungsflexibilität wieder eingeschränkt ist.

Um die eigene Handlungsfähigkeit aufrechtzuerhalten, sollten wir lernen, auch für unsere Gefühle selbst verantwortlich zu sein. Denn wir können entscheiden, wie wir uns fühlen wollen. Das bezweifeln viele und machen lieber den Gesprächspartner, die schlechten Rahmenbedingungen, den Chef oder andere äußere Einflüsse für die eigenen Gefühle verantwortlich. „Du ärgerst mich!“ ist eine dieser Aussagen, die unsere These belegen.

Schauen wir uns jedoch an, wie es zu unseren Gefühlen kommt, müssten wir unsere Formulierungen verändern (vgl. Bild 7).

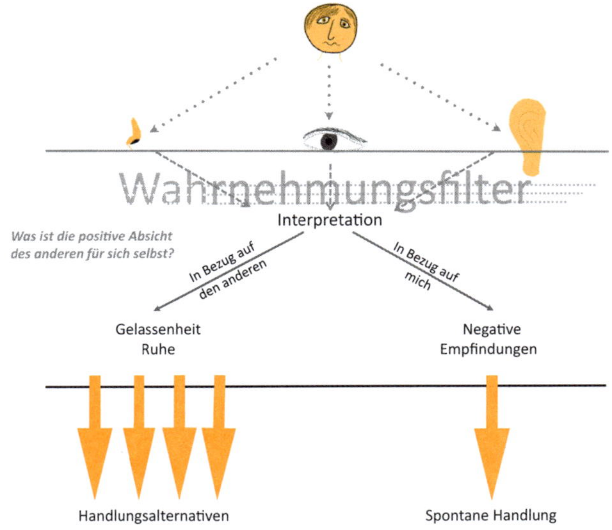

Bild 7: *Von der Wahrnehmung zur Handlung*

So wie wir die Wahrnehmung interpretieren, so fühlen wir uns. Um dem eigentlichen Vorgang im Gehirn gerecht zu werden, scheint folgende Formulierung als angemessen: „Meine Interpretation des von mir wahrgenommenen Verhaltens in Bezug auf deine negativen Absichten mir gegenüber hat bei mir Ärger ausgelöst." Was bedeutet diese Formulierung?

Hier lohnt es sich, etwas genauer hinzusehen, wie Wahrnehmungen im Gehirn weiterverarbeitet werden. Wenn wir eine Person wahrnehmen, heißt das, dass wir ihr äußeres Verhalten sehen, die Person hören können. Andere Sinne werden in Diskussionen eher keine Wahrnehmung haben, außer dem

Geruchssinn, der aber einen Sonderfall darstellt. Die Wahrnehmungen werden jedoch nicht als solche im Gehirn abgebildet, sondern durchlaufen einige Wahrnehmungsfilter. Dies sind Werte, Einstellungen, Erfahrungen, gesellschaftliche Normen, Vorurteile und auch das aktuelle Empfinden. Diese Filter nehmen das raus, was wir nicht wahrnehmen wollen, was nicht in unseren Wahrnehmungsrahmen fällt. Was übrig bleibt, ist eine Interpretation der Wahrnehmung in Bezug auf uns selbst. Dies bedeutet, wir fragen uns: „Was will die Person in Bezug auf uns selbst erreichen?“ Der Vorgang der Interpretation ist für uns wichtig, weil wir uns so in der Welt orientieren und Handlungsideen entwickeln können. Die Interpretation des Verhaltens des anderen löst dann bei uns eine Empfindung aus.

Im Falle einer schwierigen Person löst unsere Interpretation meistens negative Empfindungen aus, da wir der Person negative Absichten unterstellen. Dadurch entstehen Ärger, Wut, Enttäuschung, Unsicherheit, Angst, Unruhe oder andere als negativ angesehene Empfindungen. Sind diese Empfindungen stark, dann wirken sie unmittelbar handlungsauslösend, und wir zeigen eine spontane Handlung. Dies ist meist ein Verhalten, das wir in unserem Leben für solche Situationen gut gelernt haben und bisher auch erfolgreich war. Allerdings ist die Wahrscheinlichkeit hoch, dass dieses Verhalten nicht wertschätzend ist. Denn die meisten von uns haben in ihrem Leben nicht gelernt, wie man wertschätzend auf einen Vielredner oder Besserwisser reagiert.

Da aber diese Empfindungen auf der Grundlage unserer Interpretation des wahrgenommenen Verhaltens entstehen, kann ich sie auch beeinflussen. Ich habe sie mir gemacht, also kann ich sie auch ändern.

Ich entscheide, wie ich mich fühlen will.

Es ist schwieriger, die eigenen Wahrnehmungsfilter zu verändern, deshalb ist es nötig, die eigene Interpretation von Verhalten anderer Personen zu überprüfen. Zwei Dinge sind dabei wichtig:

- Ich muss mich innerlich von der Situation dissoziieren, also lösen können.
- Die Interpretation braucht ein Ergebnis, von dem ich denke, dass es okay ist, wenn Menschen das beabsichtigen.

Die Dissoziation, also das innerliche Entfernen von der Situation kann man erreichen, wenn man erstens die Interpretation nicht auf sich bezieht, sondern darüber nachdenkt, was der andere für sich erreichen möchte. Zweitens ist dann noch eine offene Frage nötig, da diese zum detaillierten Nachdenken einlädt. Die passende Frage dazu wäre: „Was will der andere für sich erreichen?"

Diese Frage führt dazu, dass ich mich ein wenig von mir entferne und über den Diskussionspartner nachdenke. Die Perspektive des anderen einzunehmen, erhöht das Verständnis und zeigt zumeist, dass es ganz unterschiedliche Wahrnehmungen gibt, die aber alle ihre Berechtigung haben. Dieser Perspektivenwechsel zeigt auch, wie wir selbst vom anderen gesehen werden könnten. Wenn beim Nachdenken über den anderen Ergebnisse rauskommen, die unser Selbstbild infrage stellen und wir dies nicht akzeptieren können, dann lenken wir unseren Gedankengang schnell wieder in bekannte Bahnen.

Selbsterfüllende Prophezeihung

Wenn ich beim Besserwisser vermute, dass er sich gerne selbst darstellt, so ist dies normalerweise bei uns negativ besetzt. Diese innere Bewertung führt wieder zu negativen Empfindungen. Diese negativen Empfindungen provozieren beim vermeintlichen Besserwisser aber genau dieses besserwisserische Verhalten. Das Sprichwort dazu lautet: „Wie man in den Wald hineinruft, so hallt es zurück."

Um dies zu vermeiden, ist es nötig, die Frage noch ein wenig zu ergänzen. Da Menschen niemals handeln, um sich selbst zu schaden, können wir davon ausgehen, dass jeder mit einer positiven Absicht für sich selbst handelt. Dies ist ebenfalls eine Grundannahme der humanistischen Psychologie. Deswegen sollten wir uns fragen: „Welche positive Absicht verfolgt der andere für sich selbst?"

Positive, d.h. für jeden akzeptable Antworten findet man in den Bedürfnissen (siehe Kapitel 6.1), wenn wir davon ausgehen, dass es für Sie akzeptabel ist, wenn Menschen ihre Bedürfnisse befriedigen wollen. Nehmen wir wieder den Besserwisser als Beispiel. Wenn wir dem Besserwisser „unterstellen", dass er sich wertgeschätzt fühlen möchte oder seine Erfahrung bestätigt haben möchte, so stimmt uns das versöhnlicher, als wenn wir eine negative Absicht uns gegenüber vermuten. Und das ist der ganze Trick.

Eigene Gefühle beeinflussen

Sie können Ihre eigenen Empfindungen dadurch beeinflussen, dass Sie über die positiven Absichten des anderen für sich selbst nachdenken und eine Antwort finden, die für Sie akzeptabel ist.

Dadurch besteht eine höhere Wahrscheinlichkeit, dass wir in schwierigen Situationen in einer Diskussion etwas gelassener und ruhiger sind. In diesem inneren Zustand haben wir dann auch die Möglichkeit, auf alle eigenen Ressourcen im Gehirn zuzugreifen und die eigenen Handlungsoptionen zu prüfen. Dadurch steigt die Wahrscheinlichkeit, sich situationsangemessen zu verhalten.

Den Besserwisser haben wir ja jetzt eingehend erläutert, wir haben sein Verhalten dargestellt, zwei mögliche positive Absichten entdeckt und eine wertschätzende Reaktion beschrieben. Bei den anderen schwierigen Diskussionspartnern fehlt noch die positive Absicht für sich selbst. Arbeiten Sie diese heraus, um den Weg dieser Gedanken nachzuvollziehen und zu üben. Übrigens ist es nicht wichtig, ob wir richtig- oder falschliegen. Es geht nur darum, sich selbst so zu beeinflussen, dass Sie bewusst handlungsfähig bleiben können.

Finden Sie die positiven Absichten für sich selbst

Beim Nörgler ______________________________

Beim Vielredner ______________________________

Beim Ablenker ______________________________

Beim Choleriker ______________________________

Dies können sie mit jedem beliebigen Menschen tun, der Ihnen schwierig vorkommt. Dabei ist es nicht wichtig, wie Sie ihn etikettieren, sondern wie Sie Ihre Interpretation steuern. Am Anfang braucht es etwas Zeit, um diesen Prozess ablaufen zu lassen. Gönnen Sie sich ein innerliches „Stopp“, bevor Sie reagieren. Sie müssen nicht unmittelbar auf das Verhalten Ihrer Diskussionspartner reagieren. Ein wenig Zeit verstreichen zu lassen ist in den meisten Situationen völlig in Ordnung. Bei den vier angesprochenen schwierigen Gesprächspartnern könnten die positiven Absichten wie folgt interpretiert werden:

- Nörgler:
  Hier könnte ein Sicherheitsbedürfnis dahinterliegen. Neue Dinge verunsichern, und daher ist es für den Nörgler ein Bedürfnis, die alte Sicherheit zu behalten.
- Vielredner:
  Beim Vielredner geht es wahrscheinlich um Wertschätzung und Anerkennung. Er möchte gehört und verstanden werden. Zeigen die Zuhörer aber keine Reaktion, werden diese Bedürfnisse nicht bedient. Deshalb ist es schwierig für ihn, aufzuhören.
- Ablenker:
  Ähnlich wie beim Nörgler ist wahrscheinlich das Streben nach Sicherheit die positive Absicht oder aber das Vermeiden von negativen Gefühlen. Denn über ein Thema, welches dem Ablenker unangenehm ist, will er nicht sprechen. Dadurch werden negative Gefühle vermieden.
- Choleriker:
  Dies ist ein Spezialfall. Die positive Absicht für sich selbst könnte sein, dass er den eigenen Gefühlshaushalt ausgleichen möchte. Es geht hier darum, negative Gefühle auszu-

leben und somit die innere Balance wiederzufinden. Das ist im Prinzip völlig okay, geht aber häufig auf Kosten der anderen.

Um diesen Denk- und Selbststeuerungsprozess einzuüben, ist es auch hilfreich, Menschen in Diskussionen zu beobachten, auch wenn Sie selbst nicht beteiligt sind. Dann haben Sie genügend Zeit, Ihre Wahrnehmungen bewusst zu machen und positive Absichten zu suchen. Sie haben es also in der Hand, sich selbst aus dem Sumpf der eigenen Einschränkungen herauszuziehen, nutzen Sie diese Möglichkeit.

6.4 Reflexionsübung zur Weiterentwicklung

Zum Abschluss dieses Kapitels möchten wir Sie einladen, ein wenig über sich selbst nachzudenken. Denn unabhängig davon, was Sie aus diesem Buch ausprobieren oder umsetzen wollen, Sie brauchen eine Idee, wie Sie sich bisher in Diskussionen fühlten, was Sie wollten und taten. Dann können Sie Ihren persönlichen Weiterentwicklungsbedarf entdecken oder sich in Ihrem Verhalten bestätigen lassen.

Aus diesem Grund folgen einige Fragen, die Sie für eine Selbstreflexion nutzen können. Falls Sie sich dazu entscheiden, empfehlen wir Ihnen, dass Sie Ihre Gedanken schriftlich festhalten. Dies führt zu einem erhöhten Grad an Klarheit und Verbindlichkeit. Da es viele Fragen sind, haben wir sie in unterschiedliche Kategorien unterteilt. Somit können Sie jeweils entscheiden, über welche Kategorie Sie gerne reflektieren wollen.

Allgemeine Reflexion

- Wie erlebe ich mich in Diskussionen?
- Was gelingt mir in Diskussionen?
- Was gelingt mir nicht in Diskussionen?

Ich-bezogene Reflexion

- Wie fühle ich mich in unterschiedlichen Diskussionen?
- Wie kommen diese Empfindungen zustande?
- Was will ich in Diskussionen neben den inhaltlichen Zielen erreichen?
- Was denke ich über meine Diskussionspartner?
- Welche Einstellungen zu mir und den anderen leiten mich in Diskussionen?
- Wie verhalte ich mich in Diskussionen?
- Was leistet dieses Verhalten für mich?
- Welche stereotypen Verhaltensweisen entdecke ich an mir?
- Was wurde mir zu meinem Diskussionsverhalten bisher von anderen zurückgemeldet?
- Wie sorge ich in Diskussionen für meine Bedürfnisse und Interessen?
- Wie viel Verantwortung gebe ich an die Leitung ab?
- Wie zielorientiert bin ich in der Diskussion?

Partnerbezogene Reflexion

- Wie gehe ich mit den Meinungen und Argumenten meiner Diskussionspartner um?
- Wie gehen die anderen mit meinen Beiträgen um?
- Was vermute ich, ist die Ursache dafür?
- Welche Situationen erlebe ich in Diskussionen als schwierig?

- Wie gehe ich mit schwierigen Diskussionspartnern um?
- Welche Einstellungen leiten mich hierbei?

Thematische, methodische Reflexion

- Wie genau bereite ich mich auf Diskussionen vor?
- Wie gestalte ich meine Argumente?
- Was tue ich dafür, dass Thema und Ziel einer Diskussion klar sind?
- Was tue ich für die Erreichung des gemeinsamen Diskussionsziels?
- Was kann ich tun, wenn ich merke, wir diskutieren am Thema vorbei?
- Wenn ich selbst Diskussionsleiter bin, wie strukturiert gehe ich dann vor?

Wenn Sie diese Fragen nach und nach oder komplett reflektiert haben, dann können Sie festlegen, was Sie als Erstes ausprobieren wollen. Nehmen Sie sich bitte nicht zu viel vor, das funktioniert meist nicht. Beschränken Sie sich auf zwei bis drei Dinge, die Sie verändern wollen und gut miteinander kombinieren können. Haben Sie diese Ideen dann in Ihr Vorgehen oder Verhalten sicher integriert, dann können Sie sich neue Umsetzungsziele setzen. Diese Strategie braucht etwas mehr Zeit, ist aber aus unserer Erfahrung heraus die wirkungsvollste.

Chancen erkennen und nutzen

Welches Fazit können wir nun aus diesem Kapitel ziehen? Die Nilpferd-Strategie besteht darin, sich beständig einen Sumpf zu suchen, um zu überleben. Wenn Nilpferde diesen ihren gewohnten Lebensbereich verlassen, gehen sie vermutlich ein. Wenn wir Menschen unseren gewohnten Lebensraum und eingetretene Pfade verlassen, besteht die Chance auf Weiterentwicklung. Wir können unsere Verhaltensweisen verändern, neu gewonnene ausprobieren und als Mensch in unserer Persönlichkeit wachsen. Anders als bei Nilpferden birgt es für uns nichts Lebensbedrohliches, und deshalb werben wir bei uns Menschen für die Anti-Nilpferd-Strategie:

Probieren Sie aus, gestehen Sie sich Fehler beim Ausprobieren zu, seien Sie im Anschluss milde mit sich und wachsen Sie!

7 Abschluss

Zu guter Letzt!

Mit diesem Buch wollen wir Ihnen, liebe Leserinnen und Leser, Ideen anbieten, die Sie in Ihren zukünftigen Diskussionen unterstützen sollen. Dass Sie das Buch gelesen haben, freut uns sehr. Doch das Wissen um all diese Ideen, Verhaltensweisen und die zahlreichen Tipps und Hinweise in diesem Buch reichen nicht aus, um jetzt wertschätzender und zielgerichteter diskutieren zu können. Jetzt kommt es auf Sie drauf an. Machen Sie Ihre persönlichen Erfahrungen, probieren Sie aus. Denn Sie können sich beim Lernen nicht vertreten lassen. Lernen müssen Sie selbst, und das geschieht am besten, wenn Sie es tun.

Wir wollen Sie ermutigen, immer wieder Situationen, sei es in Form von Meetings, Besprechungen, Livemeetings, Circuits, Verhandlungen usw., aufzusuchen, in denen Sie sich ausprobieren. Nutzen Sie diese Situationen bewusst als ein Training und setzen Sie sich im Vorfeld eindeutige Trainingsziele. Nehmen Sie sich nicht zu viel vor. Zwei oder drei klar formulierte Ziele reichen vollkommen aus.

Vielleicht haben Sie ja in Ihrem Alltag oder Berufsumfeld einen Lernpartner, der Sie bei Ihren Vorhaben unterstützen kann. Reden Sie mit ihm über Ihre Ziele und holen Sie sich Feedback von ihm ein.

Reflektieren Sie anschließend, inwieweit Sie Ihre Ziele umsetzen konnten. Vielleicht stellen Sie dann fest, dass es bei dem ersten Mal noch nicht so geklappt hat.

Lassen Sie sich dadurch nicht entmutigen. Lernen bedeutet nicht, dass Sie alles beim ersten Mal perfekt machen. Gehen Sie den Weg der kleinen Schritte. Das Geheimnis des

Lernens liegt in der Wiederholung. Seien Sie in Ihrem Lernen beharrlich, es lohnt sich!

Dieses Buch ist das Ergebnis von Recherchen (siehe Literaturliste), von vielen Beobachtungen und Auswertungen verschiedener Diskussionen und vor allem das Ergebnis von einer über 20-jährigen Erfahrung als Trainer oder Trainerin in der Durchführung unzähliger Diskussions- und Argumentationstrainings in verschiedenen Unternehmen. Jede Gruppe und jedes Training war anders und damit auch besonders. Wir durften viele Erfahrungen sammeln. Dafür sind wir sehr dankbar.

Wir wollen uns besonders bei unseren Teilnehmerinnen und Teilnehmern bedanken. Gemeinsam konnten wir viele Lernerfahrungen teilen. Durch sie wurden wir immer wieder angeregt, Vorstellungen zu überdenken, Neues zu entwickeln und auszuprobieren. So konnten wir uns weiterentwickeln. Ohne sie wäre dieses Buch nicht entstanden.

Wir wollen uns auch ganz herzlich bedanken bei dem Hanser Verlag und vor allem Frau Hoffmann-Bäuml, dass sie unsere Buchidee in die Pocket-Power-Reihe des Verlags aufgenommen hat.

Herzlichen Dank dafür!

Ihre
Stefanie Widmann
Hans-Peter Wannemüller
Peter Kehr

Literatur

Bensch, M.: Mein Deutschbuch. http://mein-deutschbuch.de/satzverbinden de-adverbien.html, 2016

Cain, S.: Still – Die Kraft der Introvertierten. 7. Auflage, Wilhelm Goldmann Verlag 2013

Duden online: www.duden.de, Bibliographisches Institut 2017

English, F.: Es ging doch gut, was ging denn schief? Beziehungen in Partnerschaft, Familie und Beruf. 8. Auflage, Gütersloher Verlagshaus 2004

Erskine, R.: Beziehungsbedürfnisse. In: Zeitschrift für Transaktionsanalyse (ZTA) Heft 4, 2008

Fisher, R.; Ury, W.; Patton, B.: Das Harvard-Konzept. 20. Auflage, Campus Verlag 2001

Kopperschmidt, J.: Argumentationstheorie. Junius Verlag 2000

Kornfield, J.: Das weise Herz. 8. Auflage, Arkana Verlag 2008

Rosenberg, M.: Konflikte lösen durch Gewaltfreie Kommunikation. 15. Auflage, Verlag Herder 2004

Roth, G.: Aus Sicht des Gehirns. Suhrkamp Verlag 2003

Stabenau, H.: Teilnehmerunterlage zum Seminar „Zielgerichtete Gesprächsführung und Zusammenarbeit“. ZGZ 1991

Thiele, A.: Argumentieren unter Stress: Wie man unfaire Angriffe erfolgreich abwehrt. 13. Auflage, dtv 2016

Twain, M.: Tom Sawyer und Huckleberry Finn. Carl Hanser Verlag 2010

Watzlawick, P.: Die Möglichkeit des Andersseins. Zur Technik der therapeutischen Kommunikation. 5. ergänzte Auflage, Verlag Hans Huber 2002

Watzlawick, P.: Lösungen. Zur Theorie und Praxis menschlichen Wandels. 6. Auflage, Verlag Hans Huber 2001

Watzlawick, P.: Wie wirklich ist die Wirklichkeit? Wahn, Täuschung, Verstehen. Piper Verlag 1976

Weidenmann, B.: Diskussionstraining. Überzeugen statt überreden, Argumentieren statt attackieren. Rowohlt Taschenbuch Verlag 1975

Wohlrapp, H.: Der Begriff des Arguments: Über die Beziehungen zwischen Wissen, Forschen, Glaube, Subjektivität und Vernunft. Verlag Königshausen & Neumann 2009